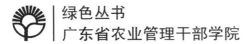

绿色丛书
广东省农业管理干部学院

南方常见果树栽培技术

区胜祥　赵秀娟◎编著

南方日报 出版社
NANFANG DAILY PRESS
中国·广州

图书在版编目（CIP）数据

南方常见果树栽培技术／区胜祥　赵秀娟编著. —广州：南方日报出版社，2000（2013.7 重印）

（绿色丛书）

ISBN 978 - 7 - 80652 - 115 - 1

Ⅰ. 南…　Ⅱ.①区…　②赵…　Ⅲ. 果树园艺　Ⅳ. S66

中国版本图书馆 CIP 数据核字（2000）第 36624 号

南方常见果树栽培技术　　　　　　　　区胜祥　赵秀绢/编著

出版发行：南方日报出版社

地　　址：广州市广州大道中 289 号

电　　话：（020）83000502

经　　销：全国新华书店

印　　刷：广州市怡升印刷有限公司

开　　本：850 mm×1168 mm　32 开

印　　张：4. 25

字　　数：126 千字

版　　次：2002 年 1 月第 1 版

印　　次：2014 年 12 月第 7 次

定　　价：20. 00 元

投稿热线：（020）83000503　　读者热线：（020）83000502
网址：http：//www. nfdailypress. com/
发现印装质量问题，影响阅读，请与承印厂联系调换

目　录

第一篇　总　论

第二篇　各　论

第一篇 总 论

第一章 果树栽培概述

第一节 果树栽培的意义

果树生产是农业多种经济的重要组成部分，在农业种植中占了20%～30%收入，很多农民把果树称为"摇钱树"。发展果树生产，可以合理利用土地，做到地尽其力；果树是一种经济价值较高的作物，是农村脱贫致富的重要项目；果品营养丰富，是很好的保健食品，尤其是人体所需维生素的主要来源之一；果品是轻工业、食品工业、医药工业、酿造工业的原料，果酒、果干、果汁、果脯、果酱等离不开果品，柑橘的叶、花、果提炼的香精油是化妆品轻工业的原料，银杏、杏仁、山楂、枇杷等具有药疗作用，果品也是一项重要进出口物资。近20年来，全国广大农村迅速发展了水果业，到1997年全国果树栽培面积已达1.3亿亩、产量达到5 089万吨，均居世界第一。各地有识之士先后建立了以水果业生产、加工、社会化服务为中心的商品基地；逐步完善以"公司＋农户"方式的"绿色企业"。果树是绿色植物，进行光合作用时既吸收二氧化碳，又放出新鲜氧气，使环境清新干净，利于人类健康。各级领导已将水果业列入致力于合理利用农业资源、保护生态环境、促进生态与经济协调发展、良性循环的"生态农业"重要环节来抓，为创造高产优质高效农业打下良好基础。

第二节　广东主要果树栽培简介

广东地处我国大陆南端。南临南中国海，北靠南岭与湖南、江西接壤、西邻广西、东接福建。全境位于北纬 20°19′～25°31′，东经 109°45′～117°20′。地跨热带、南亚热带和中亚热带区域，北回归线横贯全省东西；雨量充足，年降水量 1 200～1 800 毫米；全省各地年平均气温在 10～24 ℃之间，属热带、亚热带季风气候区，适应亚热带和热带众多果树种类的生长，除柑橘橙、香蕉、菠萝、荔枝等岭南四大名果外，还有龙眼、芒果、李、板栗、柿、枣、梨、青梅、枇杷等种类，故素有"百果之乡"的美誉。改革开放以来，广东水果业取得突破性发展。1997 年全省水果年产量达 414.5 万吨，是解放前最高年产量 75 万吨的 5.5 倍，是 1978 年 31 万吨的 13 倍。全省水果栽培面积 1997 年为 1 293 万亩，是 1981 年 195 万亩的 6.6 倍。全省人年均水果占有量 59 公斤，超过我国大陆人均 42.2 公斤的占有量，但低于世界人均水果 71.8 公斤的占有量。

近年来，全省形成了一批水果商品生产基地：如高州、电白 30 万亩早熟荔枝，30 万亩香蕉和 15 万亩优质龙眼基地；东莞、增城、深圳的 20 万亩优质荔枝基地；梅州 15 万亩优质柚基地；潮汕平原的 30 万亩柑橘基地；连州的 10 万亩温州蜜柑基地；湛江、茂名的 10 万亩红江橙基地；阳山、东源 30 万亩板栗基地；普宁 10 万亩青梅基地；和平的 1 万亩猕猴桃基地；南雄的 10 万亩银杏基地等，为广东果业持续发展打下了扎实的基础。

广东果树资源十分丰富，适宜栽植各类果树的丘陵、山坡地仍然较多，各地因地制宜发展果树生产的潜力很大。积极引导农民科学种果，发展名、优、特、稀果品满足市场需要必能获得良好的效益。

第二章　果树育苗

第一节　果树的繁殖方法及其特点

果树的繁殖方法分为有性繁殖和无性繁殖两大类。

一、有性繁殖

凡是利用种子播种育成大树的均称为有性繁殖，也称种子繁殖或实生繁殖。有性繁殖果树的特点是树冠生长健壮，根系发达，对环境条件的适应性强。但从种子萌发到开花结果需要很长的时间，所谓"桃三李四柑八年，核桃白果公孙见"，就是进入结果迟。加上种子是由雌雄两性细胞的生殖细胞结合而来，其遗传物质很复杂，故种子繁殖的后代变异大，不易保持母体的固有优良性状。

二、无性繁殖

无性繁殖是指用植物的芽、枝、根、叶等营养器官进行繁殖而获得独立新植株，故又称营养繁殖。无性繁殖果树的特点是能保持所用的芽、枝的母树的优良性状，并比实生繁殖的果树进入结果期早，也可方便某些无核品种繁殖延续后代。采用扦插、压条、分株繁殖是利用植物茎、根等器官的再生能力发出不定根形成新植株，故称为"自根苗"。

（一）扦插

剪取母树的茎或根一部分插入土壤中，促使发生不定根或不定芽，从而形成新植株。

1. 枝插法

硬枝扦插　即用充分成熟的一年生枝条于休眠期（秋、冬）扦插。

嫩枝扦插即用半木质化的新梢生长期扦插。因嫩枝内积累营养物质少，上半部应保留 2~3 片叶，以便制造营养。插后要遮荫，早晚要浇水，以减少蒸腾，降低气温，增加湿度，利于生根。若在室内或塑料大棚内扦插，安上自动喷雾装置，自动调节温湿度，效果更好。

此法适用于枝条上易生不定根的果树，如猕猴桃、葡萄、枳壳等。

2. 根插法

适用于根上易生不定芽的果树。如在苗木起苗或果园冬前翻土时，收集粗约 0.3~1 cm 的残断根，将其剪成约 10 cm 的根段，上口剪平，下口斜剪，插于苗圃内，使发出不定芽而形成新植株。如枣、柿、李、枳壳等。

3. 促进插条生根的方法

为了促进插条生根往往采用药剂处理。常用药剂有吲哚乙酸（IAA）、吲哚丁酸（IBA）和萘乙酸（NAA）等，以吲哚丁酸效果最好。硬枝扦插所使用的浓度为 50~100 ppm，嫩技扦插为 5~25 ppm。将插条基部放入兑好了的溶液中浸 12~24 小时即可。若快速浸渍处理，药剂浓度要相应增加。此外，也有用 0.1%~0.5% 的高锰酸钾（俗称灰锰氧）溶液处理的。

（二）压条

压条是在枝条不脱离母树的情况下，将枝条加以处理并压入培养土中，促进生根，然后截下而成为新植株的繁殖方法。

1. 低压又称地面压条。可分为水平压条和垂直压条。

（1）水平压条 又称曲枝压条。在母树附近开浅沟，把母树二年生枝条或枝蔓弯曲到地面的浅沟，使枝与地面呈水平状，上面以土埋压，保持土壤湿润，待芽萌发到 20~30 cm 时，逐渐培土，以促生根。至秋季新植株长成熟后进行分株。此法适用于猕猴桃、草莓、葡萄等。

（2）垂直压条 又称培土压条。在冬季或早春母树萌芽前，自地面 2 cm 处截断，促发萌蘖，当梢高达 20 cm 以上时逐渐培土。待枝条下部生根后，即可与母树分离而为新植株。此法适用于无花果、李、石榴等。

2. 高压又称空中压条。在树冠上，选取适宜的 2~3 年生枝条，并于枝基部环剥或缢伤 2~4 cm，刮尽形成层，露出木质部然后在环剥或缢伤处用竹筒、瓦块、薄膜等盛园土或苔藓、木屑混合土包裹，保持湿润，待生根后剪离母树成为新植株。此法适用于柑橘橙、荔枝、龙眼、枇杷等常绿乔木果树。

第二节　嫁接繁殖

把植株的一部分枝条或芽接到另一植物的枝、干或根上，从而萌发长成新植株的繁殖方法称为嫁接，用嫁接方法繁殖的苗木称为嫁接苗。用以繁殖目的的枝、芽叫做"接穗"，承受接穗的部分称为"砧木"。如要繁殖蕉柑就要用优良品质的蕉柑母树上的枝、芽作接穗，用酸橘苗作砧木（利用其根、茎部分生在土壤中支撑植株），这样便可育成生长壮、抗逆性强、寿命长、产量平稳的蕉柑树来。如果用与接穗同种的植株作砧木进行嫁接，如甜橙枝接在甜橙苗上，称为"本砧"或"共砧"，其新植株树势强弱与原甜橙树相似；如用某种植物作砧木进行嫁接，能使新植株树体矮化的称为"矮化砧"，如甜橙接在枳壳苗上，新的甜橙树则比原母树要矮，这样可用于矮化密植，提早结果。相反，能使嫁接树体高大的称为"乔化砧"，如甜橙枝接在阳山红皮山橘苗上，新植株高大、生长壮旺，树寿命长，但结果较迟；有时为了达到某一特定目的而嫁接两次，则称为"二重接"，利用根部砧木者称为"基砧"，中间一段接穗称为"中间砧"，上端为将来的目的树种者称"接穗"。如用枳壳作基砧，先接上温州蜜柑枝并使之成活，然后在温州蜜柑枝上接上脐橙枝，最后树冠只留脐橙，这样的新植株，其肥、水要通过枳壳根、温柑枝段才上升到脐橙树冠，整个树冠矮化、座果率也能提高。

一、嫁接苗的特点

嫁接繁殖是果树育苗的主要方法，其优点如下：

（一）可以保持接穗品种固有的优良性状。

（二）增强树体抗逆性，如利用砧木特性增加其适应性，扩大优良品种的栽植范围；比实生苗结果早，比自根苗适应性强。

（三）解决了一些用扦插、压条、分株等方法不易繁殖的树种和无核品种育苗困难的问题。

二、嫁接成活的原理

砧木和接穗是两个有机体，嫁接后之所以能愈合长成一个新的植株，主要原理是接穗和砧木二者形成层（即树皮韧皮部与木质部之间一层分生能力很活跃的细胞），细胞紧密结合，而形成层细胞具有再生能力，双方形成层细胞结合后，产生愈伤组织将结合的伤口愈合好，并分化产生新的输导组织（韧皮部、木质部）及其他组织，接穗即可得到砧木根系吸收的水分、养分，开始生长，从而形成独立的新植株。形成层愈合的时间长短依气温而异，一般需要半个月至一个月。

接穗和砧木能否互相融洽要看两者之间的"亲合力"。一般亲缘关系愈近亲合力愈强，嫁接成活率则高。反之则弱，以至不能嫁接成活。故同一种类的品种间亲合力最强，嫁接成活率最高，如毛桃上接桃；同属异种间次之，如李上接桃。但也有例外，如枇杷接在石楠上，这是同科不同属的植物，接后生长好、丰产、根系发达、耐寒、耐旱力强，并有矮化作用。至于不同种之间嫁接在生产上尚无实例。

三、影响果树嫁接成活的因素

（一）砧穗之间的亲合力强弱。

（二）穗的生长状况及其新鲜度。凡砧木生长健壮，树液活动旺盛，接穗发育充实，枝条新鲜，则容易成活。

（三）环境条件。嫁接一般以春秋晴朗天气为好，愈合快，成活率高。嫁接前后的温度过高或过低，以及干旱或久雨都影响成活。

（四）嫁接技术的优劣。嫁接手技术熟悉，接穗和砧木伤口之间接合快，并"皮对皮，木对木，形成层对准形成层"，这样成活率就高。

四、砧木苗的培育

（一）苗圃地的选择

应选择地势平坦、土壤肥沃、土质疏松、保水排水良好、靠近水源、背北向阳的土地。

苗圃地必须轮作，以减少病虫害，改善土壤营养状况。

（二）砧木的选择

选择适应本地区气候条件，并和栽培品种接穗亲合力强和抗逆性强的砧木。

柑橘砧木有枳壳、酸橘、红柠檬、红橘、酸柚等；荔枝可以淮枝作各品种的砧木，以大造作妃子笑砧木；龙眼以乌圆、广眼、大乌圆作砧木好；甜杨桃以酸杨桃作砧木；柿的砧木有油柿、君迁子和本砧；桃、李以毛桃作砧或本砧。

（三）砧木苗的培育

1. 种子采集和处理：要从生长健壮的成年树上采集成熟果实，去皮肉，以清水漂洗，取出种子，阴干（切勿曝晒）。有些树种的种子，形态上成熟时其内生理也已成熟，如枳壳7～8月青果时即可收集处理，以嫩籽播种，其发芽率可达90%以上。但很多树种的种子虽然形态成熟了而胚还没有成熟，所以种子要用干净河沙层积处理，具体方法如下：若种子数量多，可以堆积在地面或沟内，如数量少可用木箱或花盆堆积。层积方法是先在地面、沟底或箱底铺一层5～10 cm的湿沙（湿沙以手捏能成团、松手一碰能散为宜），上面撒一层种子，以略见底沙为度，然后盖一层湿沙，再撒一层种子，上面再盖一层湿沙，如此直到40 cm高左右，最后盖上草帘即可。沙的用量，因种子大小不同，一般应为大粒种子的10倍、小粒种子的4至5倍。贮藏要在低湿下进行，每10～15天检查一次，过湿加干沙或吹风晾干，过干则适当喷水，切忌过干过湿。待到大部分种子裂咀时即可播种。种子薄的如柑橘种子一般层积一个月左右。而种子厚的如李、毛桃、枣则要层积两个月左右。

3．播种

（1）播种时期：主要分秋播与春播两种。秋冬播 10～12 月进行，春播在 2 月至 3 月进行。南方秋冬播的种子在次春发芽，出苗整齐，幼苗粗壮。大粒种子尤适合秋冬播，同时可省去层积手续。

（2）播种量：播种量要根据种子大小、种子质量及播种方法而定。如每亩用枳壳 14～15 公斤；荔枝、龙眼 75～120 公斤；毛桃 100～150 公斤。

（3）播种方法：一般采用宽窄行条播，既有利于管理又利于嫁接操作。平整好苗圃地，施足基肥，均匀耕耙，开沟作畦，每畦播 4 行，两侧窄行宽 15～20 cm，中间宽行宽 50～60 cm。播种时先开浅沟，沟深为种子的 3 倍。小粒种子可均匀播于沟内；大粒种子可以点播，株距 10～15 cm，播后盖腐熟细土粪，再用稻草覆盖，充分浇水，播后要保持土壤水分，早晚看天灌水。

（4）苗期管理：种子发芽出土后，及时揭开覆盖物并拔除杂草，幼苗出现 2～3 片真叶时应问苗移栽，第一次间苗后 2～3 周，按每亩成苗数进行定苗。幼苗生长期追肥 3～5 次，先稀后浓，每亩追施硫酸铵 15～20 公斤，或腐熟人畜粪尿 250 公斤。苗木生长后期喷施速效性磷钾肥，以促使苗木木质化。当苗高达 45 cm 时进行摘心，并注意防治病虫害，以培养当年秋季即可嫁接的健壮苗木。

五、嫁接方法

根据嫁接所用材料不同，分为芽接、枝接和根接三类。

（一）芽接，即从果树上采取生长健壮的枝条，削取其芽片，接到另一株果树或砧木上，使两者结合成为一个新的植株。这种利用芽片作嫁接的方法称为"芽接"。芽接是常用的嫁接方法，其优点是操作简便、节省接穗、嫁接时间长、伤口小、愈合好。芽接一般在 3～10 月树液活动之时进行，其中以初秋 9～10 月枝梢即将停止生长而树液却旺盛活动之时最易成活。

芽接分为 T 字形芽接、长方形芽接等：

1．T字形芽接：先在砧木上离地面 3~5 cm 处，选定树皮光滑的一侧，用刀纵横各切一刀呈"T"字形，深达木质部。然后接穗上削取 1.5~2 cm 长的盾形芽片，插入砧木的"T"字形切口的皮层内，使芽片上端与砧木横切口紧紧相结合，然后用塑料薄膜带捆绑即成（图2-1）。

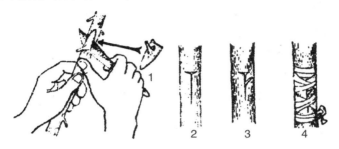

图2-1　"T"字形芽接

1. 芽片　2. 砧木开口　3. 插入芽片　4. 捆绑

2．长方形芽接：在砧木距地面 3~5 cm 处，用刀向下切开一块稍带木质部的树皮，其长度比芽片略长，约 3~3.5 cm，并将削开的皮层上端大部分切去（以免包住接芽），然后将芽片插入，如果砧木切面比芽片宽，则将芽片靠向一边，对准形成层，捆绑即成（图示2-2）。削芽的方法同上，但可多带点木质部，芽片下端稍切平。此法简便易操作，一年四季均可进行。

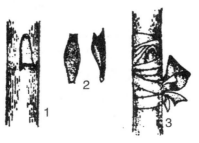

图2-2　长方形芽接

1. 砧木开口　2. 芽片（左腹面、右侧面）　3. 插入芽片后捆绑

（二）枝接，用一段枝条作接穗，接到另一株果树或砧木上，

使之结合成为一株新植株，这种嫁接方法称为枝接。枝接适合较粗的砧木，因砧穗双方所含营养比芽接多，故枝接苗比芽接苗生长迅速、健旺。

一般用于芽接不易成活的果树、芽接未活的补接及高接换种。常用接穗一般具有 2 至 3 芽，长 7~8 cm，亦有用单芽的。如砧木粗大或高接换种，所用接穗可用较长的枝条。

枝接分为切接、劈接、腹接、舌接等：

1. 切接：先将砧木离地面 5~6 cm（柑橘）或 10~1.5 cm（荔枝、龙眼）以上部分剪去，荔枝、龙眼砧剪口下主干留几片叶子。选树皮光滑的一面沿横断面 1/3 处向下直切一刀，深约 1.5~2.5 cm。再在接穗顶芽的同侧下端削约 1.5~2.5 cm 左右的长斜面，在长斜面的对称一侧削长 1 cm 的短斜面，接穗下部削成楔形。将削好的接穗按长斜面向里、短斜面向外插入砧木的切口内，砧木、接穗的形成层要相互对准贴紧，如砧穗大小不一，应有一边形成层互相对准，用薄膜捆绑（图 2-3）。

图 2-3　切接

I. 砧木开口　2. 插入接穗　3. 接穗

2. 劈接：又称苦接。砧木较粗大时常用此法，如板栗、柿树的高接换种等。先将砧木适宜嫁接的部位剪断，用刀从砧木横断面中间劈开，劈口深约 2~3 cm 再在接穗下端距芽 0.5 cm 处的两侧削一长约 2~3 cm 的楔形削面。然后把接穗插入砧木劈口内，接穗与砧木有一形成层相互对准紧贴。其接穗削面不宜完全插入砧木劈口内，应让其上露出 0.3 cm 左右，有利接口愈合，其余要求同上（图 2-4）。

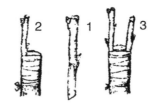

图 2-4　劈接

1. 接穗　2、3. 插穗后捆绑

3. 腹接：此法可以不必剪砧，常用于树冠内部补枝填空。在砧木的基部光滑处，以 15 度左右角度用刀斜切入砧木的木质部。再在接穗芽的一侧下端削成长约 2 ~ 3 cm 的长斜面，在相称的另一侧削成 1 ~ 1.5 cm 的短斜面，一边稍厚，一边稍薄，使削面成三角形。然后将长斜面向内、短斜面向外、厚边向上、薄边向下插入接口内，使二者形成层对准贴严，用薄膜带捆绑（图 2-5）。

图 2-5　腹接

1. 砧木开口及插穗　2. 接穗　3. 插穗

4. 舌接：此法要求砧木径粗达 0.8 cm 以上，最好砧穗粗细大致相等。一般嫁接高度应在砧木离地面 30 ~ 40 cm 处。在砧木主干上用刀斜削成 3 cm 左右的斜面，再在斜面长度 1/3 处纵切一刀成裂缝，深约 1.5 ~ 2 cm。采成熟枝条作接穗，每枝接穗带两芽眼，削法与砧木同。将砧穗的裂缝相对，把接穗插入砧木中，捆绑（图2-6）。

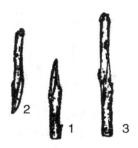

图2-6　舌接

1. 削好的砧木　2. 削好的接穗　3. 接穗插入砧木之状

六、嫁接苗的管理

（一）检查、补接与松绑

嫁接后要及时检查是否成活，未接活的应进行补接。多数果树在接后15～20天即可成活，一般轻触接芽叶柄，如易脱落者常为成活。接后无论是否成活均及时松绑，春夏接的可在接后半个月左右松绑，秋后芽接的可待次年春萌动时松绑，枝接的待新梢长至10～15 cm时松绑。

（二）剪砧与抹芽

芽接苗在成活后均要剪砧，但秋后芽接的可待次年春接芽萌发、新梢近于木质化时进行。砧木的剪除可分为一次剪砧法和二次剪砧法。一次剪砧法是于接芽芽尖梢上约0.2～0.3 cm处剪去；二次剪砧法是：第一次于接芽上留3至4片叶剪去砧梢，待接芽发梢后，再进行第二次剪砧，即将接芽上端的一段砧梢全部剪去。剪砧时，应使截口向接芽反面稍倾斜为好。无论是芽接或枝接，其砧木上的萌蘖必须及时抹除，使养分集中于生长接芽。

（三）摘心和圃内整形

当苗木超过定干高度时即可摘心，促进整形带内的芽充实饱满，有利于基层主枝的形成。圃内整形，必须加强苗木管理。苗木生长健壮，整形带内有充实饱满的芽眼，定干后方能抽出几个好的侧枝，以利形成基部3至5个主枝。

第三节　组织培养快速育苗

随着果树生产的发展，我国果树育苗技术有了很大进步，如缩短育苗年限、周年生产苗木及无病毒苗木的培育等。近年来应用组织培养新技术，开展了工厂化育苗的新途径。即利用植物细胞全能性的特点，用果树的根、茎、叶、花、果、种胚、胚乳、珠被细胞、胚囊细胞等器官或组织在人工培养基上，使之脱分化后再分化，诱导发根或发芽而形成完整的试管苗，最后移至土壤中栽植。其优点很多：（1）速度快。从优良母株上取一个茎尖进行组织培养，一个多月后，这个茎尖就能长出 5~6 个嫩梢；若将这些嫩梢剪成若干段，然后转移到新鲜的培养基上，1 个多月之后又能生长 15~40 个嫩梢，如此循环，一年内就可繁殖出几万个枝条，将枝条诱导生根就可获得几万株幼苗。（2）去病毒。果树若长期采用营养繁殖，病毒易随苗木传播而影响果树的发展。而茎尖培养和愈伤组织培养则可获得无病毒苗木。如香蕉、草莓、菠萝等，就是利用组织培养来获得无病毒苗的。目前，广东各地有生产香蕉苗的组培基地，每个基地每年可生产出几十万乃至 100~200 万株香蕉试管苗供各地种植，效益可观。（3）节省土地。应用组织培养进行果树工厂化育苗，30 平方米的一间培养室可放一万多瓶试管苗，按每瓶出苗 10 株计算即可同时繁殖10 余万株，而且周期短，周转快。此外还可进行品种复壮和促进幼胚成熟。如一些果树的种子播种后不能发芽，采用组织培养可促进它幼胚成熟，长出完整植株。但是，目前在生产上也存在一些问题：重数量轻质量、品种混杂良莠不齐、对苗木的检疫和消毒工作重视不够等。

一、组织培养工厂化育苗的程序

1. 实验室建设　要求有一间空调定温的培养室（用于放置培养物），一间培养基室（用于玻璃器皿的清洗和贮存及培养基的制备），以及灭菌、接种、超净工作台等设备。实验室的装备要形成一条装配线，即玻璃器皿洗涤区→培养基配置区→灭菌消毒区→无菌室→接种区→培养室。此外，有条件的还要有移栽室、镜检室、分析室等。实验室内电压、光照要十分稳定，培养室温度要保持在 25 ℃ ±2 ℃。

2. 培养基的准备　培养基的种类很多，由于不同种植物的组织对营养有不同的要求，所以必须采用适合该组织的培养基，这样它们的生长才能尽如人意。广泛采用的培养基有 MS、B5 或 White 培养基。其基本成分有水（蒸馏水），无机盐（大量元素、微量元素），有机物（碳源以蔗糖为主，以 2% ~5% 为宜，维生素类如 V_{B1}、V_{B6}、V_{B3}、V_{B5}、V_{B12}、V_{BH} 等，肌醇和氨基酸类），生长激素，琼脂（浓度以 0.6% ~1% 为宜），另外有的需加一些天然复合物（如椰子汁、蕃茄汁、酵母浸出物等）。培养基的酸碱度以 pH 值 5.5 ~6.5 为宜。

3. 灭菌　组织培养成功的关键，在于防治污染。玻璃器皿和接种工具、培养基均须在 121 ℃ 的高压锅内灭菌 15 分钟备用。试材灭菌的方法很多，如一些表面消毒剂：2% 氯酸钠、9% ~10% 次氯酸钙、0.1% ~1% 氯化汞等在多数情况下都很有效，在表面消毒剂处理之后，必须用无菌水漂洗试材 3 ~4 次，以除掉所有残留的杀菌剂（但若是用酒精消毒的则不必漂洗）。此后就是接种、培养。

二、果苗组织培养技术

1. 茎尖培养，病毒侵入植株后，随输导组织而蔓延传播，茎尖生长点因尚未分化出输导组织，通常是不带病毒的，因此茎尖培养可以防止病毒及类菌质体的传染。不同的果树种类，茎尖的分生组织生根难易相差很大，如苹果、梨较易生根；同一种树不同生理状态对生根也有很大影响，如实生苗的茎尖容易生根，而老树上的茎尖则不易生根；顶芽比腋芽容易生根；萌动的芽比休眠芽易生根。

不同的树种和不同的组织器官所含的内源激素的种类和浓度不同，使细胞、组织分化所需的激素水平也不相同。一般来说，细胞分裂素可促进芽的分化，常用的有 BA（6—苄基腺嘌呤）、BAP（苄氨基嘌呤）、KT（激动素）、ZT（玉米素）、2—IP（异戊烯氨基嘌呤）等。生长素虽不能促进芽的分化，但需要它与细胞分裂素按一定比例相配合，当细胞分裂素的相对量大于生长素时，有利于芽的分化，反之，则有利于发根。不同的果树诱导生根时所需的生长素种类不同，常用的有 IBA（吲哚丁酸）、NAA（萘乙酸）、IAA（吲哚乙酸）、NOA（萘氧乙酸）、PCPA（对氯苯氧乙酸）等。培养生根的条件不需要光照，而分化茎叶则要求给予一定的的辅助光照。

2. 试管苗移植，当试管苗长出根后，在移植前 1～2 天在培养室打开瓶塞，再把试管苗放在阳光下锻炼，然后取出幼苗用自来水洗净培养基，移植于灭过菌的培养土中。移植后用罩或薄膜稍遮盖，保持空气相对湿度在 90% 以上，温度在 20～25 ℃左右，勿使阳光直射，过一周后要逐步揭罩（或薄膜）通风，并适当浇水施肥，幼苗就能苗壮生长。此外，也可把茎尖培养的幼苗当接穗嫁接到根系发达的砧木上，嫁接后放在湿度基本饱和，温度 25 ℃左右，并有适当遮荫条件的培养室内，待愈合后即能很快生长。

第三章 果园的建立

果树是多年生植物，经济结果年限最短十多年，多的几十年，应该结合当前和长远的需要，作好全面规划，合理布局。必须讲究质量和经济效果，对果园的园地选择，对果树树种和品种选择，果园整体规划，水土保持，科学栽树等工作做到高标准。

第一节　果园设置和建立

从我国人口多、耕地少的特点出发，果树发展的方向应是上山、下滩，充分利用宜果土坡、丘陵。根据当地具体情况，利用山坡、丘陵、河流、池塘、山塘水库综合开发果园、药园、养殖场等"立体农业"，既可"以短养长"，又可各业互补创造一个良性生态环境，获得更好的经济效益、社会效益和生态效益。

一、果园作业区：为了方便管理，果园应划分作业小区作为基本生产单位。平原河滩地区的果园小区以 100 亩左右为宜；山地果园，地形复杂，小区面积 20～30 亩，有些会更小。每个小区最好只栽一种果树。小区以长方形为宜。山地果园小区，其长边应与等高线相平行，既有利于保持水土，也便于机械操作。平地果园小区长边应与生长季节的主要风向相垂直，以便长边配置防风林，以防台风等造成损害。

二、道路：为了果品、肥料等的运输，果园一定要设置有主道（宽 6～8 米，以便大型载重汽车行走）、干道（宽 4～5 米，以便中型汽车、拖拉机行走）、支道（宽 1～3 米，以便喷药机具运作）。

三、排灌系统：水利是农业生产的命脉，水果尤其需要大量水分及时供应才能获得高产、优质。平地果园四周深挖排水沟，以降低水位。山地果园以蓄水为主，引水提水为辅，山顶建有水池或引水渠，并且栽植蓄水林。梯田壁应开有排水沟。

四、果园其他设施：在小区内适当修建若干个贮水池和肥料发酵池，有利于喷药用水和有机肥发酵腐熟。肥料发酵池上应有蓬盖，便于保持肥效。

五、果园的水土保持和土壤改良：这是建设果园的一项重要工作。在荒滩、荒坡建立果园，应先整地抽槽，实行客土；在平原湖区建园，应开沟筑畦，果园四周开深沟，降低地下水位；山地建园要开辟水平梯田或等高撩壕（在山坡上按等高线开沟，将挖沟的土堆在沟的下沿，使成一条土垅，在垅的外坡上植树）。

深翻改土，熟化土壤，是果树生长发育的基础，必须从建园时抽槽改土开始，以后逐年扩槽，至全园深翻改土为止。结合果园的建立，在栽树前半年或一年时，按照栽植等高线挖槽宽1米、深0.8～1米的沟槽，挖出的土壤经过夏炕冬凌，起到风化改良作用。抽槽后先可种植绿肥，刈割后埋入槽内。填槽时，要加0.3米左右厚的树枝、落叶、杂草、作物杆或山青堆肥等有机肥料，并撒入一些石灰粉、过磷酸钙等，然后覆盖风化改良过的泥土和表土。这样改造过的槽利于保肥保水，将来果苗栽植其上，能保证果树正常良好，是夺取高产、稳产和优质的基础。

六、重视园地的选择：1999年底，广东稍北地方的荔枝、香蕉等果树遭遇较重的寒害或冻害给人们启示了这个问题。在山地、坡地上，冷空气重，不断地向下沉；山底的热空气轻，不断往上升。这样，就形成了山腰部分的"暖层"，这正是种栽喜温果树的最适区域，而坡下的平地、洼地温度最低，积冷时间又长，喜温的荔枝、香蕉、柑橘极易受寒害或冻害。

第二节　果树种类、品种和授粉树选择

果树分布受气候、土壤等自然条件的制约。土壤可以改良，而气候尚不能人为控制。所以建园时选择适宜的树种、品种十分重要。冷凉一些的粤北可选择温州蜜柑、甜橙中的脐橙、板栗、青梅、砂梨等；北回归线附近可选择柑橘、龙眼、荔枝等；北回归线以南可选择荔枝、龙眼、柑橘、香蕉、芒果等，再南就可选择芒果、菠萝、荔枝、树菠萝等。由于各种类的品种因天气、土壤、引种驯化、习惯栽培等不同原因，各地发展时一定要咨询有关科研单位。譬如高州市的白糖罂荔枝品种引种在珠江三角洲表现就不大好，因此品种的适地性要经过较长时间引种试验才清楚。

有些果树品种，白花授粉不能结实或结实率很低（如沙田柚

品种的自花不实）。即使能自花结实，但有时雌雄花开花先后不同（如板栗、荔枝等）或雌雄异株（如猕猴桃、银杏等），如能进行异花授粉，则能大大提高座果率，增加其产量。因此，栽植果树时，有必要配置授粉树。授粉树选择的原则是：开花期必须与主栽品种基本一致，并能产生大量优质的花粉；花粉与主栽品种有良好的亲合力；具有一定经济价值的品种。授粉树的配置，能直接影响到主栽品种授粉的效果，一般授粉树配置越多，其效果越好。果树的授粉，一般是靠昆虫与蜜蜂传粉。因此授粉树的栽植应有利于昆虫的传粉。根据蜜蜂在果园内传粉范围的情况，授粉树与主栽品种间的距离以不超过 50～60 米为宜。如沙田柚树的方圆 50～60 米之间应该有酸柚杂栽其中，沙田柚树数：酸柚树数≈10:1。

第三节　果树栽植

一、栽植时期： 果树栽植分春季栽植和秋季栽植。春植自土壤升温时开始，到果树萌芽为止；秋植从停止生长或落叶时开始，到土壤温度下降为止。

二、栽植方式：

1. 长方形栽植，即行距大，株距小，呈长方形。其优点是便于机械操作、间作绿肥和通风透光。是当前栽植的主要方式。

$$栽植株数 = \frac{栽植面积}{行距 \times 株距}$$

2. 正方形栽植，即行距与株距相等。其优点是通风透光条件好，便于在株间和行间进行耕作，但不便于间作。

3. 等高栽植，即在坡地上随地势盘转，将果树栽成等高行列。是山坡果园栽植的主要方式。

三、栽植密度

果树栽植的密度，应根据气候条件、土壤条件、树种、品种和砧木生长特性而确定。一般气候温暖、土壤肥沃的果园，栽植生长势强的果树，株行距应适当加大；反之，可适当缩小。为了充分利用土地，提高果园经济效益，栽植果树要合理密植。究竟怎样的密度才合理呢？原则是：根据现有的科学管理水平，能最大限度地利用地力，利用光能，使它能在一定的单位面积土地上，结出最多的果实来。在实际生产中可根据树冠的高度来确定合理密度（即株行距）。如果树高4米左右，其株距采用2～3米，行距可采用6～7米；树高3米左右，株距用2～2.5米，行距用于5～6米；树高2米（矮化砧果树），则株距用1.5～2米，行距用4米。当前常采用的栽植密度有2×4、2×5、3×5、3×6等。

四、栽植技术

为了栽植后果苗成活率高，在定植技术上应注意做到：（1）大穴浅栽：定植穴最好秋挖春栽，使下层土壤充分风化。山地果园一般要挖长宽深各1米或长宽各1米、深0.8米的大穴。水田、河滩地建园的穴可浅些。每个定植穴要准备好筛过的熟土或塘泥50～100公斤，腐熟厩肥20～30公斤，绿肥、杂草、枝叶20～30公斤，过磷酸钙0.5～1公斤，石灰0.5～1公斤。在定植前3至4个月将以上所备物质分层施入穴内，先是一层熟土，再是放入拌入所备一半磷肥的枝叶、绿肥并盖上薄层熟土作为第一层；再是放入拌入石灰粉的绿肥，并盖上拌入余下一半的磷肥的熟土作为第二层；然后将腐熟厩肥拌熟土施入作第三层；最后用熟土盖30～40厘米作表层。第二层、第三层和表层最好各均匀拌入3%呋喃丹颗粒剂30～50克，这样起到很好的土壤消毒效果。定植前要查看土肥下沉情况，及时补培土至高出地表。定植树苗要浅栽，就是抬高定植。因苗木定植过深或过浅均会影响成活，妨碍果苗的生长。一般定植的深度应使苗木的根颈（嫁接愈合处）在植后土壤下沉后与地表面相平为宜，故定植时常将根颈部分高出土面10厘米左右。南方雨量多，树苗根颈低于地表，极易积水感染病虫而烂根、腐皮，是栽果树的一大忌。（2）宜位定植：对梯田内果树的定植有这个问题。在梯面较窄，一梯栽一行树的情况下，以定植在梯田外坡一侧，即相当于梯宽的 1/3 处为最佳位置。（3）选大苗壮苗定植：大苗壮苗的根系发达，生长健壮充实，体内贮藏养分多，定植后恢复快、发新根早，容易成活。（4）舒根、踏实、扶正并灌足定根水：果苗的根要按其自然位置摆好，用细土覆盖，分层踏实，其树干随时要扶正直立，到以细土覆盖离根颈部 5 厘米处，于穴的范围内以树干为中心作一圈土围成盘状，最后淋足定根水。

第四节　防寒及树体保护

一、防寒措施： 冬季气温 10 ℃以下对草木果树不利，在5 ℃以下对喜温果树不利。故在冬前施肥时结合进行树盘覆盖和培土。寒害低温期要密切注意天气预报，当气温降至临界点（即各种果树的忍耐温度时），在果园用稍潮的槁杆、稻草、酒糟之类有机物焖烧熏烟，可使果园增温。

二、冻后的树体护理： 冻后，及时中耕松土，提高土温；在气温回升稳定时，适时修剪，大剪口用薄膜封好以免水分蒸腾过快；树干用石灰、石硫合剂、水和盐（比例 5：0. 5：25：0. 1）涂白剂涂白，以防日灼。

第四章　幼树提早结果的农业技术措施

人们种植果树都希望尽早获得效益。但果树是多年生作物，一经栽植，管理好坏，直接影响生长结果数十年。果树各树种、品种都有自身的生长发育阶段，我们不能"拔苗助长"地要求马上收到成效，但我们能够掌握果树的生长发育规律，采取科学种果的方法，加强果园土壤管理，配合合理的树体管理，就能实现早结果、早丰产的目的。果树生产应该是"三分栽，七分管"。

第一节 改良土壤，加强肥水管理

土壤是果树生长发育的基础，果园土壤是一个动态的生态环境，应该把土壤加深、搞松、弄肥，创造有利于根系生长的水、肥、气、热条件，这是果园管理中保证长好树、结好果的首要任务。

一、果园的土壤改良

土壤的水、肥、气、热，是构成土壤肥力的基本因素。土壤肥力是指土壤供应和协调果树生长发育所必需的水、肥、气、热条件的能力。土壤肥力的高低不只是施入化肥的多少，而是决定于土壤各种物理、化学、生物性状的综合状况。

土壤的物理性状，主要是指土壤结构对水、肥、气、热状况的协调；土壤化学性状，主要指土壤各种营养元素的含量和化学变化以及土壤酸碱度的强弱；土壤生物学性状，主要指土壤中微生物的群落、数量及其活动。

（一）肥力高的土壤应具备的特性

1. 透水、蓄水性能好

凡深厚疏松的土壤，结构良好，包括有毛管（即孔径小于 8 毫米的小孔隙）和非毛管孔隙（孔径大于 8 毫米的大孔隙）。毛管孔隙保持的水分叫毛管水，毛管水借助毛管作用运行，毛管水是植物根系吸收的有效水分。非毛管孔隙大，它既有利于土壤空气的交换，又可使地面水沿非毛管孔隙渗透至下层，可减少地面径流。这样，有利于果树正常生长，既抗旱，又防涝。

2. 营养元素充足

肥力高的土壤必定含有丰富的有机质，有机质是完全肥料，土壤团粒表面的有机质经好气性微生物分解而矿物质化，这些矿质元素很多是根系吸收的营养元素；团粒内部的有机质经嫌气性微生物分解，累积腐殖质，把养分暂时地保存起来。因此，每个团粒就是个"小肥料库"，能源源不断地提供果树生长发育所需的养分。

3. 透气性能好

果树的根系需要进行呼吸，呼吸作用旺盛，提供生命活动能量才充足，新根才能大量发生，吸水吸肥力增强。土壤空气中氧的含量多少，直接影响根系呼吸的强弱。

柑橘根际土壤空气含氧成分在 1.5% 时，根系容易腐烂，含氧在 4% 以下时，新根不易生长，含氧在 8% 以上时，新根才大量生长；桃树根际土壤含氧在 2% 以下时，根系的细根死亡，含氧在 5% 以下时，根生长很差，只有在含氧达 10% 以上时，根才能正常生长。可见，果树根系对土壤空气含氧量要求较高。

一般地说，土壤水分随着土层深度的增加而增多；而土壤空气随着土层深度增加而减少。愈是下层土，水分愈多，但空气却愈少。这样，水、肥、气之间又会产生一定的矛盾，这些矛盾的解决，深耕改土是关键。大量种植绿肥，施用有机质肥，配合施用化肥，进行深耕改土，改善土壤结构，把土壤加深、挖松、弄肥，这就能改变土心的物理结构，增加透气性、透水性，保水又保肥。

4. 土壤温度适宜

果园土壤温度状况，是直接影响果树根系生长的重要因素。土壤温度适宜，根系生长旺盛，活动期长，吸水吸肥力强，树体才能"根深叶茂"。

果树根系生长对土壤温度的要求因果树种类、品种、砧木不同而异。一般来说：柑橘根系在土温 5～10 ℃ 时开始活动，10～12 ℃ 开始生长，16～32 ℃ 之间生长较好，而以 23～30 ℃ 生长最适宜，10 ℃ 以下和 37 ℃ 以上停止生长；荔枝根系在土温 10～20 ℃ 时，随着温度的渐增，根系生长由缓慢转入快速，23～26 ℃ 时最适宜根系生长，当土温高达 31 ℃ 时，根系生长转趋缓慢。

土壤温度的变化，愈近地面，变幅愈大；土层愈深，变幅愈小，土温相对稳定。如能耕深土层，树根深扎，下层根际土温较为适宜，既有利于果树抵抗不良条件，又有利于根系较为稳定地进行生长、吸收、输导以至合成营养物质。

5. 土壤酸碱度合适

土壤酸碱度的强弱，对果树生长发育影响很大。酸碱度的强弱常用"pH"值来表示。土壤酸碱度分 14 级作标准，pH7 为中性，小于 7 为酸性，数值越小，酸性越强，大于 7 为碱性，数值越大，碱性愈强。柑橘适于弱酸性土壤，其适应范围多在 pH 值 5 ~ 7 之间，以 5.5 ~ 6.5 为最适应，pH8 以上，其叶常出现花叶病；荔枝适宜 pH5 ~ 6 的土壤；香蕉以 pH5.5 ~ 6.5 弱酸性为适。

南方的土壤偏酸，为了提高 pH 值来适应果树根系的要求，常常采用施入碱性的生石灰粉来调节 pH 值。

（二）改良土壤

1. 将瘠薄的山坡改造成深、松、肥的果园

果树上山，利用山地建果园是方向。但山地的共同特点是耕层薄，土壤结构差，保水、保肥能力弱，有机质少，肥力低。因此，不论丘陵、山地甚或平原的各种土壤，必须经过改良，方能适合果树的栽培。尽管在建园时，定植穴挖得大，或者是抽槽抽得宽，穴内或者槽内的土壤也改良得很好，但果园内的作物不断地吸收消耗，天雨的冲击和土壤的沉积，土壤渐趋板结，故为了保证根系的持续生长和扩展，必须逐年不断地进行扩穴改土，或者扩槽改土，力求把全园扩通，土壤深耕熟化，使全园的土壤都达到深、松、肥的要求。

所谓扩穴，就是在果树定植后，将原来的定植穴逐年向四方扩大加深；所谓扩槽，就是将原来的槽（沟）逐年向两旁扩大加深，以达到加厚土层和改良土壤结构、提高土壤肥力的目的。

扩穴、扩槽一般在秋末冬初（即 10 至 11 月），结合施基肥时进行。因此时果树地上部分生长处于缓慢以至停止生长状态，树体内的营养物质开始向主干、根部运送和贮存，而根系在这个时候也往往处于最后一次生长高峰期，这时扩穴、扩槽，即使切断了根，也影响不大。因为树里的营养物质正向下输送，加上土

温又较高，伤口容易愈合，根系尚能很好活动并进行生长。而且根系伤口附近在当年还可发生相当数量的新根。所施入的有机质肥，在较高的土温下，经微生物的发酵分解，有利于根系吸收，为第二年春季果树萌芽、抽枝、开花、结实创造良好的营养条件。

扩穴的方法，一般是围绕树盘一周，开一环状的深沟。沟的深度和宽度为 70～80 厘米即可。要使果树高产稳产，要求标准宜高不宜低，最好达到 1 米。如果为了减轻每年劳力负担，不一定要开环状沟，可今年扩展东西两方，明年扩展南北两方，如此隔年轮换深翻，逐年扩大。扩槽方法，则是在果树的株带两旁，树冠的外缘抽槽，槽的宽度和深度，至少 80 厘米，最好 1 米。但为了减轻劳力负担，也可不必同时在两旁进行，可今年扩这一边，明年扩那一边，隔年或隔两年交替进行，直至与邻行扩通为止。

2. 改土、换土

果树对于土壤肥力的要求较高，但实际能符合要求的土壤并不多，必要时还要进行掺土、改土。

土壤质地不同，土壤的水、肥、气、热的供应与调节很不一样，常直接影响果树生长发育。如沙性土，沙粒占 90% 以上，泥土最多不过 10%，因沙粒间的孔隙大，通气性好，渗水快，但保水力弱，易使果树受旱；黏性土，沙粒占 20%～40%，泥土占 80%～60%。泥间大孔隙小，保水力强，但通气透水性差，昼夜温差小，有机质分解较缓慢，保肥性较强。这类果园常因土质黏重和土层板结，不仅影响果树的生长结果，容易形成果树未死先衰；而且易造成局部土壤渍水，引起果树根部和根颈部的疾病。

果树适应在壤土中生长，尤其是沙壤土以至轻壤土，其含沙多于黏土，约含 70%～80% 的沙，含泥土约 20%～30%。这些的土壤粒间既有小孔隙保水，又有大孔隙通气渗水，土温变幅较小，有机质含量较多，保肥性也较强。因此沙土应掺泥，黏土应掺沙，俗话说得好："黏土死，沙土松，两掺合，干性活，加上粪，更带劲"。土掺沙或沙掺土的比例，可按 1 份黏土，2 至 3 份左右的沙，再加些绿肥、厩肥、堆肥等有机肥，充分掺合填入穴沟内。

（三）合理施肥

合理施肥，是果树早结、丰产、稳产、优质、长寿的重要物质条件，所以有"收多收少在于肥"之说。果树一经栽植，长年累月地生活于同一地方，不断吸收土壤中的养料，使果园土壤的养分日趋缺乏。如果不及时按实际需要补充肥料，果树的生长、结果就不好，品质就下降，树势早衰，抗逆性差。所以，绝对不能采用"掠夺式栽培"，只要树结果，不供水与肥就会导致果业败落。

1. 果树需要的营养元素很多。其中大量吸收的是氮、磷、钾、钙、镁等，称为"大量元素"，需要量少的有铁、硼、锰、锌等，称为"微量元素"。这些元素中，又以氮、磷、钾三种需要最多，故称肥料"三要素"。微量元素虽然需要量少，但与大量元素一样具有重要作用，如果缺锌就会产生"小叶病"，缺铁就会产生"失绿病"，缺硼引起"芽枯病"等的缺素症，直接影响生长发育，甚至引起死树。下列几种主要营养元素的作用：

（1）氮 氮是合成蛋白质的必要元素，而蛋白质是细胞膜原生质的主要成分；氮也是叶绿素、生物碱、激素、维生素、酶等的组成成分。所以，氮能促进果树的营养生长，提高光合效能，利于有机质的积累，促进花芽分化，加速果实膨大。如果氮素供应不足，则新梢生长量小，叶面积少，叶色淡黄，生长不良，落花落果，树体早衰。但氮素又不能过多，过多了会引起果树徒长，开花结果不良，产量降低，幼树延迟结果。切勿滥施氮肥，以免造成劳而无功。

（2）磷 磷是细胞核和原生质的主要成分，也是酶和维生素的重要成分。磷还具有参与植物内糖类的代谢，促进细胞的分裂，增强果树的生活力，促进组织的成熟，形成花芽和种子，提高果树的座果率，增进果实的品质等功能。

（3）钾 钾能促进果树的同化作用。它参与碳水化合物的合成、积累和转运；能加强树体的营养生长，有利于新梢的成熟；能增进果实的品质，促进果实的成熟，加强果实耐藏运输能力。缺钾时，叶片失绿、变小，果实不易膨大。

（4）钙 钙是细胞壁和胞间层的组成成分，对于碳水化合物的运转、调节果树体内酸碱度使其达到生理平衡等很重要。

（5）镁 镁是叶绿素的重要成分，也是酶的组成成分。缺镁会引起"花叶病"，果实形小、味酸、产量低。

（6）铁 铁能促进叶绿素的形成，缺铁易引起叶片失绿，光合产物少，果实形小、味酸、品质差。

（7）硼 硼有助于叶绿素的形成，提高光合作用强度。花粉的形成和授粉受精的过程需要硼。缺硼引起枝梢枯顶、枯芽、小叶、授粉受精不良、果小、产量低。

（8）锰 锰是叶绿素的结构成分，缺锰时叶绿素结构会破坏解体。

（9）锌 锌能促进生长素的合成，生长素吲哚乙酸是生长发育不可缺少的物质。

另外硫、氯、铜、钼等也各具生理功能，量需少，但也不可缺。

2. 肥料的主要种类

肥料可分为有机肥料和化学肥料。化学肥料一般叫无机肥料。有机肥料就是动、植物的残体和废物，其中果园常用的人粪尿、厩肥、家畜粪尿、堆肥、饼肥、绿肥、塘泥以及枯枝落叶、杂草、草皮土和各种土杂垃圾渣肥等都是有机肥料。

（1）有机肥料：有机肥料属完全肥料。除含有大量有机质外，含有大量果树所需的各种营养元素甚至含有植物生长刺激素。它是补充土壤营养物质的基本来源，又有改善土壤的结构，协调土壤中的水、肥、气、热等因素的关系，促进微生物活动等作用。它和无机肥料配合施用，可以提高无机肥料的效果。

①人粪尿：含氮量较高，磷、钾较少。有机质含量约

5% ~7%。其中大部分元素很快可被植物吸收，故称速效肥。应先发酵，后使用。

②家畜粪尿：含氮、钾高，磷较少。有机质含量高，约占15%左右。应先堆积或沤制后，再作基肥或追肥。

③厩肥（栏粪）：其中有草料、粪尿水等。应先堆制发酵，堆制时拌合 5% ~6% 的过磷酸钙或磷矿粉，有利于微生物的发育。

④饼肥（麸饼）：含氮量最高，磷、钾次之，是高效肥料。先堆沤发酵，后使用。

⑤堆肥：以各种茎秆、落叶、杂草、垃圾、草皮土以及绿肥、水草之类经高温堆制而成。堆制中加入 1.5% ~2% 的磷肥，3% ~4% 草木灰或 1% ~1.5% 的石灰，可以提高堆肥质量。

⑥绿肥：是改良土壤结构，提高土壤肥力的重要肥源之一，尤其是豆科绿肥，种时根有根瘤，可助土壤中提高氮素，茎秆叶又是提供大量有机质的物质。大量发展果园种植绿肥和施用绿肥是事半功倍的好措施。

（2）化学肥料：有氮、磷、钾单项肥料，还有很多类型的复合肥。

①氮肥：常用的有硫酸铵（含氮量 20% ~21%），氯化铵（含氮量 24% ~25%）、硝酸铵（含氮量 33.35%）。以上三种为酸性肥料；还有氨水（含氮量 15% ~20%），碳酸氢铵（含氮量 17% ~17.5%），这两种为碱性肥料；另有尿素（含氮量 42% ~46%），是中性肥料。

②磷肥：常用过磷酸钙（含磷量 14% ~19%）。能溶于水，为速效性磷肥；钙镁磷肥（含磷量 14% ~18%），不溶于水，多用作基肥；磷矿粉（含磷量 14% ~36%，有效磷量约 1% ~5%），常用作基肥；骨粉，属迟效肥料，多用作基肥。

③钾肥：常用硫酸钾（含钾量 48% ~52%），氯化钾（含钾量 50% ~62%），两种均属酸性肥料；草木灰，不同原料的灰钾量不一样，高者可达 10%，一般可含 3% ~6%，属碱性肥料，是

速效钾肥，施用时不宜与人粪尿或硫酸铵等混合使用。

④复合化肥：凡含有氮、磷、钾三要素中的任何两种或两种以上的元素的复合成的肥料。

3. 如何施肥

果树施肥比较复杂，因树种、品种不同，土壤肥力状况不同，果树年龄和生长期不同，气候条件不同，肥料种类不同等都有不同的施肥量和施肥方法问题。从理论上讲，每产50公斤果实，需吸收氮0.3公斤左右，吸收磷0.15公斤，吸收钾与氮的量相等或稍多，三要素的比例为2:1:2，即相对要补充尿素0.6公斤或硫酸铵1.5公斤、过磷酸钙0.8公斤，硝酸钾0.8公斤。但实际上，各地的丰产果园所施的肥料都要超出这些数字，因为肥料施后会挥发掉一部分或被冲洗走一部分。如果幼年树，主要是长好树冠，需氮肥相对要多些。

果树施肥，一般分为基肥和追肥。无论是基肥或追肥，都要抓住有利生长、结果的时期，及时施下。"产量要保证，基肥是重点"，基肥的量应占全年施用总量的1/2至2/3，一般常绿果树在采果后马上施入，落叶果树可在秋季落叶之后至第二年发芽前进行，基肥以有机肥为主，辅以化学肥料。追肥是根据果树一年中生长季节的不同时期（也称各个物候期）的需肥情况及时补充的肥料。追肥既要保证当年的产量，也要为下一年的生长结果打好基础，常年追肥分为：①催芽肥（又称花前肥），果树萌芽开花需要大量的营养元素，尤以氮素和磷素居多。如果在萌芽前3至4周追施以速效氮为主的肥料，配以花期喷磷、硼，保证营养的供应，减少落花落果的发生，施入量占全年肥量1/5。②稳果肥，应在花谢后座果期进行，因为除幼果迅速生长外，新梢也在加速生长，果、梢争肥严重，应及时补充速效氮、磷、钾肥，应在花谢后1至2周施入，施入量占全年肥量1/5。③壮果肥，目的是满足果实迅速膨大所需的营养元素，也能充实新梢，这时期以氮、钾肥为主，适量配些磷肥，一般在秋梢萌发前施入。施入肥占全年肥量约1/5。④叶面喷肥，这是一项补充性的追肥，又叫根外追肥。这是利用枝叶吸收营养元素的特性，将肥料配成稀释的溶液，喷在果树的枝叶上，主要是叶面上，可以起追肥作用，而且效果非常显著，是一种经济有效的施肥方法。如花期喷 0.3% ~0.5% 的硼可提高座果率。但进行根外追肥要用尿素、硫酸铵、过磷酸钙、硫酸钾等较合适，稀释浓度要适当，过浓易引起药害。一般尿素为 1%，硫酸铵、硝酸铵为 0.3%，磷酸铵 0.5% ~1%，过磷酸钙 1% ~3%，硫酸钾、氯化钾为 0.5%。喷射的时间以早、晚为好，避免晴天的中午和雨天、雾天进行。年中可分情况进行 4 至 5 次即可，有时可结合病虫害防治喷药时加入药液内一起喷射，但要注意肥料与药品的酸碱性，同性者可混合，异性者则不可混合。

二、果园的排灌

水是水果的重要组成成分，新鲜水果的果实含水量达到 80% ~90%，其枝、叶、根也含水约 50% ~60%。所以，水果靠肥结果，靠水养果。

果树对养分的吸收，养分在树体内的运输，地上部光合作用、呼吸作用、有机物质的合成和分解的过程中，都有水分子的参与。水分能保持果树的固有姿态，使枝叶挺立开张、花朵开放，有利于接受光照和交换气体；水是果树进行蒸腾作用的物质，蒸腾过程中水分带走热量，以调节树温。因此，果树的生长发育、生理、生化变化等所有一切生命活动，每时每刻都离不开水。水确实是果树的命脉。

但果园水分过多也是一件坏事。水分过多，土壤空隙必然由水分填充，挤跑了空气，氧气不足则使根系发育不良，甚至烂根。俗话说："水是命，过多则送命。"所以，要根据各地的雨量分布、各物候期需水情况以及土壤蓄水、保水的能力等，做到及时地合理排灌。

果树开花后到新梢迅速生长时，幼果与新梢之间对水分的竞争很大，在养分状况良好的情况下，此时如果水分也供应良好，水能保长、水能养果。所以，如果这个时期遇上天气干旱一定要加以灌溉。这是一个需水较多的物候期。另一个需水较多的物候期是在生理落果后，果实迅速膨大时，即春梢停止生长期。这一时期生长中心转移到了果实方面，这时灌水，称为"保果水"。如遇天旱一定要进行灌溉。另外，广东常出现秋旱，此时气温高，日照强，蒸发量大，而土壤水分又少，缺水抑制柑橘类果实长大和龙眼、荔枝秋梢的抽长，因此要结合当地当年的秋冬雨量情况加强排灌水的工作。

第二节　树体管理和机械、化学促控技术

要果树早结、早产、早丰、稳产、受益期长是人们的主观愿望，但一定要遵照果树生长发育的规律，采取相应的技术措施。我们要做好以下工作：

一、加强树体管理

有一个健壮的果树树冠才能有结好果的基础，如何培养一个健壮的树冠？应该做到：

（一）深翻改土，适时培肥，加强营养生长

深翻改土，适时培肥，加强营养生长，是提早结果的物质基础。幼年果树主要是在高度营养生长的基础上转入生殖生长的，要形成花芽开花结果必须有充足的养分积累的物质基础，所以用加强营养生长来促进形成花芽是符合果树生长发育规律的。只要我们能努力实践以上建园中的深翻改土、重施基肥、勤施薄施追肥、果园行间种植绿肥，就能创造适合根系生长的条件，保证幼树生长健壮，为早形成花芽开花结果提供了保证。

（二）采用矮化砧木和早果性品种

采用矮化砧木和早果性品种，也就是利用果树的遗传特性来实现提早结果。

在生产实践中，用枳壳作柑橘砧木能使树体矮化而提早结果，用华盛顿脐橙的朋娜品系作接穗可早成花芽，比其他脐橙品系提早 2~3 年结果。

（三）采用纯种大苗壮苗，这样可使树冠早形成，旺树提供了早结果的物质基础。

（四）合理密植，利用地力和空间，增加早期产量，提早回收生产投资。过去，因为龙眼树属高大乔木，每亩只栽 10 株左右，但 8～10 年才开花结少量果，很不合算。随着科技进步，现在的龙眼定植 2～3 年开花结果，取得良好早期效益。有些果农采用行株距 5×3 米，亩植 44 株；用 5×4 米，亩植 33 株，用 6×5 米，亩植 22 株的规格，并采用整形修剪培养较矮化、易管理的树冠，定植 10 年内把树控制在 3～3.5 米树高、冠幅在 3～4 米以内。这样的密度比传统的疏植增加了 1～3 倍。因为这是利用了植物的群体效应，单位面积内形成了早花早果、单产高的效果。其他果树也可酌情参考。

（五）合理的整形修剪

整形修剪是根据果树生长发育的内在规律，结合树种、品种、土壤、气候、栽培状况等的特点，采用一定的外科手术，调节、控制和促进果树的生长与结果。因此，整形修剪是果树达到早果、高产、稳产、长寿的一项重要的技术措施。但整形与修剪是两个具有密切联系的不同概念。整形是通过修剪的方法，把果树整成适合树种、品种生长发育的一定形状，使其具有牢固的骨架和比较大的光合作用面积，能担负起较高的产量和便于管理的良好树体结构。修剪是在整形的基础上，根据果树生长与结果的需要，而采取的另一项技术措施。它能改善光照条件，调节营养分配，促进营养生长与生殖生长的相互转化，确保立体结果。

幼年果树的营养生长很旺，修剪程度宜轻不宜重。一般采用摘心为主，以加大枝梢间的角度和分枝级数，促进花芽分化，早花早果。常常在冬季修剪时，对骨干枝适当短截，其他枝条尽可能轻剪或缓放不剪；夏季修剪时，当新梢（如柑橘的夏梢）长到 30～45 厘米时摘心，抑制顶端生长优势，以促进分枝，加速分枝级数形成。

二、采用适当的机械措施

幼年果树得精心培养之后，营养生长旺盛，给开花结果打下了物质基础。这时，可以采用一些机械手段人为地促进树体营养多留于树冠地上部，使芽内的细胞液浓度提高而形成花芽，这种机械手段也称"外科手术"。常用的技术有环剥或螺旋环剥、环割、缢伤、刻伤、扭枝等方法。

（一）环剥和螺旋环剥，是把枝干的皮层剥去一圈，以中断同化营养的下运，减少了根系的养分供给，使根的生长在短期内受到抑制，增加了环剥以上部位的营养积累，使其营养生长受到削弱，促进生殖生长，有利花芽形成和提高座果率。环剥是下刀之始到收刀之末吻合，使树皮圆周地被剥下；螺旋环剥则下刀之始与收刀之末不吻合，伤口为树枝干周螺旋式的，剥下皮层之后，营养仍然有一部分弯曲运转下移，比环剥的安全性大得多。进行这一技术时应注意：如要促进花芽形成，应在新梢旺长期后到该果树花芽形成期之间进行；如要提高座果率，则应在花前或花期进行。

剥割刀的刀口规格有 0.2、0.3、0.4 厘米宽等几种，环剥宽度以枝径的 1/10～1/8 为宜，过宽不易愈合引起枝条死亡，过窄愈合过早，达不到环割的目的。割后的皮层要去得彻底才起作用。一般在 1～2 级分枝基部离分枝处 10～15 厘米以上进行环剥，如果技术有把握也可在主干上进行。这项技术不可在生长瘦弱的树上进行，避免使原本树体就营养不良的树被迫早结而短寿。

（二）环割　又名环刻，即用枝剪或刀环刻树皮 1 圈或若干圈，其作用与环剥同，这方法安全性大，但效果远不如环剥明显。

（三）缢伤　用 2 号铁丝于新梢生长缓慢期间，在 1～3 年生枝基部捆扎缢伤皮层，原理也是抑制有机营养的下运。缢后 15 天后，叶片变黄时除去铁丝。

（四）刻伤　包括目伤与纵伤。用刀横割枝条的皮层或纵割枝条的皮层，伤口深达木质部。目伤因位置不同，所起作用也不同。生长初期于枝或芽的上方刻伤，可阻止水分和无机营养的上运，可增强刻伤部位芽或枝的生长势。反之，在芽或枝的下刻伤，则阻止叶片的有机营养的下运，使营养积累于刻伤部上部的芽或枝上，可促使花芽形成。

（五）扭枝 于新梢半木质化时，用手握住新梢基部 3 厘米左右处，轻轻扭转 180°，使其皮层与木质部稍有裂痕，并使枝梢呈水平或倾斜状态倒向有空隙处，以缓和水分和营养的运送，促进花芽形成。

三、化学调控技术

果树的生长发育，受生长刺激素和生长抑制素的控制。如果应用一些人工合成的植物调节剂适当处理果树的枝、芽，可以抑制营养生长，促进花芽形成或提高座果率，达到早结丰产目的。

常用的化学调控药剂有乙烯利（ACP）、多效唑（PP_{333}）、比久（B9，又名阿拉）、青鲜素（MH）等。乙烯利是抑冬梢促花的主要药剂，喷在树体上易被枝叶吸收，在体内释放出乙烯，乙烯有抑制生长、催熟、促进雌花分化和开花的作用；多效唑低毒高效，不易产生药害的抑梢促花药剂；比久可使枝条短壮，叶片增大、增厚，光合作用增强，有利于花芽形成和提高座果率；青鲜素用于抑杀冬梢和促花。

第三节 加强病虫害防治措施

果树病虫害的防治是一个复杂的系统工程。防治措施的采用既要考虑当前的防治效果，又要注意对果树、果品、农业甚至整个自然生态系统的长远影响。绝不能把一个个防治措施孤立起来，而必须全面考虑其经济可行性、安全无害性和切实有效性。要求能控制病虫害，又能最大限度地节约人力、物力，降低防治成本，注意经济效果，做到增产增收，更能保护环境，保证果树及人畜的安全，避免或减少副作用。为达此目的，就必须贯彻"预防为主，综合防治"的基本措施。常用的防治方法有：

一、检疫防治法 是国家保护农业生产的重要措施，也是必须履行的国际义务。其主要作用是防止危险性病、虫、草扩大为害范围。但在生产活动中由于人为的传带、种苗的交换、调运及果品的贸易等，致使一些危险性病虫害传播蔓延，造成严重的损失。如患有柑橘溃疡病的果品和苗木传染极快，所以一定要检疫，以防止其扩散，就是一个典型的例子。尤其对于一个新建的果园，许多主要靠种苗传带的病虫害，要严格检验，绝不能使用带病虫的种苗，以免后患无穷。

二、栽培防治法 是最经济、最基本、最古老的防治方法，大多数是结合果树生产的日常工作进行的。1. 新建果园要选择适宜场地，育苗或栽植前应进行土壤消毒，保证种苗及幼树的安全。2. 培育和使用健康无病虫的繁殖材料，选种抗病虫的品种。3. 园艺操作过程如修剪、摘心、嫁接等要防止工具和人手对病虫的传带，要合理疏花疏果及修剪。4. 果园要注意卫生，园中的病残体和害虫潜伏的枯枝落叶、杂草应及时清除并加以处理。5. 合理轮作，如发病的蕉园与甘蔗轮作，防病效果良好。6. 合理的肥水管理，如施用充分腐熟的肥料，采用沟灌、滴灌等灌水方式。7. 合理采收和贮藏，如采收过程中要尽量减少伤口，剔除有病虫危害过的果品，保证果品清洁干净。

三、物理防治法 指通过热处理、射线、光照、气体、表面活性剂、膜性物质、外科手术、简单器械等防治病虫害。此法不存在污染问题，多数操作简便，成本低，效果好，应大力提倡使用。1. 热处理有干热、湿热两种。种苗的热处理可采用热风（温度 35～40 ℃，处理 1～4 周）、温水（温度 40～50 ℃，浸泡 10 分钟至 3 小时）来处理，但切忌迅速升温。土壤的热处理可使用热蒸汽（温度为 90～100 ℃，处理 30 分钟），这在温室土壤热处理上使用普遍；也可利用太阳热能处理土壤等有效的措施，可把土壤中的虫卵、病原物杀死。2. 采用表面活性剂、膜性物质对病虫的侵入、危害起阻隔作用，特别是对果实免遭危害非常有效，保证了果实的品质。3. 利用人力或简单工具进行害虫捕杀、诱杀、阻杀也是行之有效的安全措施，如黑光灯、糖醋液诱蛾。4. 对果树表皮损伤、折损进行修补包扎及树洞的清理、消毒、填充等外科治疗也是有一定防治效果的。此外，辐射、超声波、光生物学等防治措施虽处在研究阶段，但都有开发利用价值。

四、生物防治法　指利用生物及其代谢物质来控制病害、虫害。这种方法不仅可以改变生物种群组成成分，而且能直接消灭病原物、微生物、害虫，对人、畜、植物无害，不会杀伤天敌，不会污染环境，对一些病虫有长期的抑制作用，是综合防治的重要组成部分。但是，生物防治效果较缓慢，人工繁殖技术较复杂，受自然条件限制较大，故目前能应用于防治实践的有效方法为数不多。主要包括以菌治菌、以菌治虫、以虫治虫、以鸟治虫及一些有益动物治菌、虫等，近年来还将不育技术、遗传防治、激素防治等也列入生物防治的范畴。如利用天敌驼姬蜂、金小蜂防治枇杷瘤蛾，用野杆菌放射菌株 84 防治细菌性根癌病等是生物防治的成功例子。

五、化学防治法　指使用化学药剂防治病害、害虫、杂草等，它具有收效快、效果好、方法较简便、受季节性限制较小等优点，是综合治理果树病虫害的有力武器。但是，化学防治有许多弊病，使用不当易引起人畜中毒、污染环境、杀伤天敌、生态平衡受破坏、产生不同程度的抗药性等。当前，各国均在寻求高效、安全、经济的药剂。在今后较长时期内，化学防治仍占重要位置，其实只要使用得当，并与其他防治方法相互配合，扬长避短，那么农药使用上的缺点在一定程度上是可以缓解的。果园常用农药有杀虫剂、杀螨剂、杀菌剂，其常用剂型有粉剂、乳剂、颗粒剂、烟剂等，常用的施药方法有喷雾法、涂干法、毒土法、熏蒸法等。科学合理地使用农药，必须注意以下几个问题：1. 对症下药。使用农药，要根据不同的防治对象、不同的时期，选用最有效的农药品种和适宜的剂型、合适的浓度进行施药，这样才能收到良好的效果。否则，不但防治效果差，还会浪费农药，延误防治时机，甚至对农作物造成药害。例如，防治柑橘红蜘蛛，在冬季结合清园，可喷波美 0.8 ~ 1 度的石硫合剂，降低越冬虫口基数；春梢和秋梢抽生后若发现为害，则可用 40% 水胺硫磷

1 000至2 000倍液或20%三氯杀螨醇700～800倍液喷雾。随着科学技术的发展，农药旧品种被淘汰，新品种、新剂型不断涌出，农药的种类、品种不断增多，要合理施用农药，就要了解所使用农药的性能及使用方法，针对不同的防治对象，选用不同的农药。2. 适时用药。使用农药时，必须根据病虫情况的调查和预测预报，抓住有利时机，适时用药，才能发挥农药应有的效果。防治害虫最好在初龄幼（若）虫期用药，此时害虫的抗药力较弱，又未造成大的危害。如防治果树食心虫等蛀食性害虫，应在幼虫蛀入果实之前喷药液，若已蛀入果内再防治，则效果很差或难以挽回损失。防治果树病害，也应在发病初期或始发病期施药，发病后用药效果很差。3. 合理混用农药，交替用药。长期单一使用某一种或某类农药，易使害虫、病菌产生抗药性。合理混用农药不仅能兼治多种病虫害，省药省工，还可防止或减缓害虫或病菌产生抗药性。如将克螨特、双甲脒等杀螨剂分别与杀灭菊酯、溴氰菊酯等拟菊酯类农药混用，可有效地杀灭红蜘蛛和多种果树昆虫。但是，并非所有农药都可任意混用。多数农药不能与碱性农药或碱性物质混用；农药混合后不能产生不良的化学、物理变化，如分解失效或产生化学沉淀等；有些农药混用后，对人畜毒性增高亦不能采用。部分农药可混用或不可混用见药品的说明书。在果树整个生长季节，即便防治同一种病或虫，也不宜用同一种农药，而应几种农药交替使用，以提高防治效果，减缓病虫产生抗药性的速度。4. 安全用药。农药对人畜均有不同程度的毒性，使用不当可能造成人畜中毒并污染果品和环境。因此，施用农药时应据农药的毒性采用相应的防护措施。对剧毒农药的使用，一定要严格遵守安全用药规定。同时，果树上施用的农药一定要选用高效、低毒、低残留和有一定选择性的农药，并严格执行农药安全使用期的规定，严防人畜中毒。

第二篇　各　论

第五章　柑橘栽培

第一节　概　述

柑橘是人们喜爱的水果之一，其果实色、香、味俱全，汁多爽口，营养丰富，是人们的保健食品。

据分析，柑橘果实每 100 克可食部分，含糖 8 ~ 14 克，柠檬酸 0.5 ~ 1.2 克，维生素 C30 ~ 100 毫克，蛋白质 0.9 克，以及胡萝卜素、维生素 P 等多种维生素。其中维生素 C 含量比苹果、梨、葡萄等水果高出 6 ~ 20 倍。

柑橘可加工成多种食品，如柑橘橙汁、橘子酒、橘瓣罐头、橘饼等。果皮可制成陈皮或提制果胶、香精油。橘络、枳实、橘红等是著名的中药材。种植柑橘还可起到美化环境作用，广东的柑橘盆景可令"金玉满堂"，既有观赏价值，又经济实惠。

柑橘原产中国，经各国引种栽培发展甚快。现在世界上有 90 多个国家和地区发展了柑橘，年产量达 5 500 万吨左右，成为世界各种水果中年产量最高的果品。

我国早在 4 000 年前就已经栽种柑橘。现在，我国有 20 个省、市、自治区柑橘栽培约 2 000 万亩，产量约 900 万吨，成为世界柑橘业大国之一。广东省 1997 年柑橘栽培面积是 139 万亩，产量为 86.7 万吨，是岭南四大名果（柑橘、荔枝、香蕉、菠萝）中之重要果品。

　　柑橘性喜温暖潮湿，是一种典型的亚热带常绿果树。一般年平均温度在 15 ℃以上，冬季绝对低温不低于 - 9 ℃，年雨量在 1 000 毫米左右的地区，pH 值为 5.5 ~ 7.5 偏酸土壤的园地均可栽植。

　　广东地跨热带、南亚和中亚热带区域，属热带、亚热带季风气候区，年均温 19 ~ 25 ℃，寒冬偶有 - 2 ~ - 7 ℃，年降水量 800 ~ 2 800 毫米，全境均适合柑橘栽植。广东成为全国柑橘主要产区之一。1997 年，广东柑橘栽培面积 139 万亩，是本省 1980 年 44 万亩的 3 倍；其年总产量 86.7 万吨是本省 1980 年 11.7 万吨的 7.4 倍、是本省解放前最高年产量 1936 年 16.5 万吨的 5.3 倍。产区集中在肇庆、揭阳、惠州、韶关、梅州、清远等市。主要品种为甜橙、蕉柑、椪柑、温州蜜柑、砂糖橘、四会柑、沙田柚、金柑等。但由于柑橘黄龙病危害严重，全省柑橘栽培面积已由 1990 年 289 万亩的高峰下降至 1997 年的 139 万亩，下降幅度为 48%；柑橘年产量由 1990 年 151 万吨的高峰下降至 1997 年的 86.7 万吨，下降幅度为 57%，因此，消灭黄龙病已经成为广东发展柑橘生产的重要任务。

第二节　柑橘主要种类和良种

　　柑橘果树属芸香科柑橘亚科中的一类植物，其果实具有典型的"柑果"特征。在栽培上，主要有三个属：即柑橘属，金柑属和枳属。

　　枳属原产我国，以山东、福建、湖北、安徽、江苏等省较多。枳是柑橘类中耐寒性最强的一个属，冬季落叶，能耐 - 20 ℃的低温，故作为抗寒砧木。另用它作柑橘的砧木能矮化树冠，早结丰产。枳果面有短密毛，汁脆苦辣，其干制品是著名中药材。

　　金柑属原产我国，以浙江、福建栽培较多。果实可供鲜食及制蜜饯，广东将其盆栽作为盆景，供春节摆设观赏。主要栽培的有广西的融安金弹、浙江的宁波金弹、江西的遂川金弹和湖南的蓝山金弹。广东常用圆金柑、罗浮金枣作盆栽，另外也有将金柑与柑橘杂交种月月橘（又名长寿金柑）和四季橘作盆栽的。

柑橘属的种类、品种非常丰富，栽培利用价值高，很多原产我国，分布最广。广东省内栽培经济价值较高的有以下几种：

一、柑

（一）蕉柑：原产广东，主产于广东汕头、东莞、惠州、广州郊区，福建漳州，广西东南部和台湾省。蕉柑又名桶柑，是橘与甜橙的自然杂交种。果实高扁圆或圆球形，单果重 100～150克，皮橙至橙红色，皮较厚，果皮与瓤囊结合稍紧，但尚易剥离，果肉柔软多汁，较化渣，浓甜，有香气，种子少或无粒，品质优良。果实成熟期 12 月中旬至 1 月下旬，耐贮运，很受北方消费者欢迎，也是出口品种，为广东省优良品种之一。

蕉柑早结丰产稳产，有些地方定植后 3 年亩收获：3 000～4 000公斤。但耐旱耐寒性较差，韶关以北种植品质很差。本品种要求肥水条件较高和精细管理，否则易衰退。

（二）温州蜜柑：起源于浙江省，唐代传到日本，经自然变异和人选择而成。这个品种里具有一百多个不同成熟期的品系，如下列 4 个品系群：

1. 特早熟品系：9 月中旬至下旬成熟，如宫本、桥木、早津等。

2. 早熟品系：10 月中旬至下旬成熟，有兴津、宫川、龟井等。

3. 中熟品系：11 月份成熟，有南柑 4 号、南柑 20 号、米泽等。

4. 晚熟品系：12 月份成熟，有石川、青岛等，适合罐头加工基地发展。

温州蜜柑树冠较矮而开张，枝梢较长有不同披垂性，叶片较大而肥厚，果实扁圆形，大小因品系不同而异，单果重 75～170克，果皮橙红色至橙黄色，果肉多汁，瓤囊壁较韧。

温州蜜柑生长较粗放，抗逆性强，耐寒性强，所以栽培分布广，成为面积及产量占全国 50%以上的主要栽培品种。广东北部如韶关、连州适宜栽培。

二、橘

椪柑：椪柑是橘类的大果优质品种，被誉为远东柑橘之王：

椪橘又名芦柑、梅柑、白橘。主产于广东东部汕头、惠州及珠江三角洲的丘陵、平原，福建南部，浙江衢州，湖南湘西和台湾省。

树冠高而直立。果实扁圆形，单果重 150～200 克，皮色橙红，果顶洼宽广平滑或有放射沟纹。果皮易剥，囊瓣肥大而多汁，肉质脆嫩化渣，有蜜味，最宜鲜食。11 月中旬至 12 月成熟，但果实不耐贮运。

椪柑对气候适应性比蕉柑强，但丰产性不及蕉柑．如果管理不良或遇秋冬干旱，易造成大小年结果。广东省内推荐碰柑东 13 品系较好。

（二）八月橘、十月橘：原产广东四会，肇庆各县均有栽培，果实扁圆形，十月橘单果重 58～62 克，八月橘重约 83～90 克，果皮橙红色，果肉汁多而味浓甜，11 月成熟。果实不耐贮藏。

八月橘、十月橘生长粗放，抗逆性强，丰产稳产。

三、橙

（一）暗柳橙：为原产广东中部的老品种，主产于广州市郊县、惠州。单果重 120～150 克。果实呈球圆或卵圆形，果顶有较大的环纹印圈。皮色有橙红色和橙黄色。果酸较低，较适合华南消费者口味。果肉脆，但渣较多。11 月中至 12 月中成熟，较耐藏。

暗柳橙适应广，抗逆性较好，不论山地水田均可生长良好，丰产、稳产性能好。广东推荐从暗柳橙实生树所选育出的丰彩暗柳橙来更换老品系较好。

（二）红江橙：由广东廉江从福建引入的嫁接嵌合体中培育推广而形成的红肉型橙果优良品种。主产湛江、茂名。

红江橙果实大，单果重 150 克。甜酸适中，肉色橙红，果肉嫩滑多汁，化渣，果心细，果皮较薄。11 月中至 12 月中成熟。

本品种果实如于秋冬遇上土壤水分干湿变化大时易裂果。因此，要保证水分均匀供应，适当增施钾肥，用有关防裂素喷果，可减少裂果。

（三）新会甜橙（滑身仔）：原产广东新会。果皮光滑，故称滑身仔。果实较小，单果重 100～120 克。果实圆形或日字形，顶部常具有环纹印圈。果橙黄色至橙红色。味极清甜，有香气，果肉脆，渣中等。11月下旬至12月上旬成熟。

新会甜橙在山地适应性良好，比蕉柑耐旱，但不及蕉柑、暗柳橙高产。近年来推广本品种珠心系中选出的大果、长果形优良株系效果很好。

（四）脐橙：原产巴西，为美国加利福尼亚州主栽品种之一，我国约于30年代引进，近20年又先后引进不少新品系，已经在江西赣州、湖南新宁、湖北秭归等地形成批量生产。脐橙树性开张，刺少，果圆球形或近圆球形，单果重约180～250克，果顶有脐（由次生心皮发育而成）。果皮光滑，果面橙至橙红色，汁胞质脆，汁液量中等，浓甜浓香，果实无核，成熟期11月上中旬。脐橙是国际市场的著名品种，堪称"甜橙之王"，是美国出口鲜食甜橙的主要品种。广东夏天以潮湿天气为主，所以在发展脐橙品系时要选择适合夏湿气候区的品种。近20年实践表明，日本引入的大三岛、清家两品系和美国、西班牙引入的萘维林纳、朋娜、纽荷尔品系较适应。广东粤北的韶关、粤东北的河源和梅州、粤中的清远栽培脐橙较宜，广州、佛山、惠州、揭阳、肇庆次之。

（五）伏令夏橙：原产西班牙，是世界上栽培面积最广、产量最多的鲜食及加工果汁的晚熟甜橙良种。

夏橙树势强健，易形成花芽，抗逆性强，丰产稳产。果实圆球形或短椭圆形，果皮橙黄色，油胞大而突出，单果重120～160克。果肉柔软多汁，有香气，风味浓，少核，成熟期是次年的3～4月。伏令夏橙果实迅速膨大时正是华南干旱少雨的秋冬季节，如遇土壤干湿变化过大，则易引起裂果落果。届时要加施钾肥和喷防裂素等处理，对减少裂果有效。

广东肇庆已经栽培不少夏橙并有批量生产。

四、柚

（一）沙田柚：原产广西容县沙田村而得名。

沙田柚果实大，品质佳，耐贮藏，方便运输，是著名良种之一。

树势强，树冠高大，开张或半开张。枝条粗壮直立。果实梨形或葫芦形，单果重 600 ~ 1 500 克，果顶有印圈，俗称"金钱底"。果皮稍厚，淡黄色。果肉脆嫩汁少，味甜酸少，品质优良。成熟期 10 月下旬 ~ 11 月上旬。果耐贮藏，贮至次年 4 月风味仍佳。但自花授粉结果性能差，应按沙田柚与同花期的其他柚（如酸柚、琯溪蜜月柚等）比例树数 10:1 植于同一园中，可大大提高座果率。

广东梅州市已成为沙田柚的大型商品生产基地，清远、连山也有成片栽植。

（二）琯溪蜜柚：原产福建平和。

树势壮健，自然半圆形，较开张。枝叶稠密，长势特别壮旺。果实阔梨形，果顶广平凹入，果面光滑，油胞较平，果皮淡黄绿色。果大，单果重 1 500 ~ 2 000 克。果皮松软，易剥皮，中心柱空，囊瓣 12 ~ 17 瓣，果肉呈虾肉色。成熟期 10 月中、下旬，是较早熟品种。不耐久贮。

广东梅州大埔发展较多，河源、连山也有成片栽植。

（三）桑麻柚：是广东顺德等地一带的农家品种。

树冠圆头形，长势中等。果梨形，重 700 ~ 800 克，果顶稍平微凹。果皮深黄色，油胞圆凸，果皮粗糙。果实 10 月上旬成熟，较丰产，可以赶着中秋节上市。

广东紫金、顺德、广州市郊区都有栽培。

五、其他

（一）柠檬：尤力加柠檬，又名洋柠檬，原产美国。花大而且四季开花，果金黄色或黄绿色，有浓郁芬香。果实黄色，油胞凹入，汁多，酸味强，是清凉饮品的好原料。

树性喜暖湿润，不耐寒，要求肥水较高。成熟期 12 月上旬，果实耐贮藏。

温暖地区的城市郊区发展一部分可供饮食业之用，也可以香橙、代代等作砧木用作盆景观赏。

（二）佛手：是枸橼的变种，又称佛手柑、五指柑。佛手果实大，顶端分裂如指状，香味浓郁持久。果实和花朵都是中药材，有理气止痛、消食化痰的功用。佛手扦插易生根。树性喜高温多湿，不耐寒。南方各省用作盆景观赏。

广东主产于肇庆各地，以高要、四会较多，清远英德以南的气候适宜栽植。

（三）代代：为酸橙的一个变种，原产我国。果大色艳，能在树上挂果 2~3 年而不脱落。树上花果并存，是花果共赏的室内、庭院摆设均宜的盆栽柑橘。代代花可薰茶，入药。代代性喜温暖、湿润的气候，实生、嫁接、扦插方法均能繁殖。

长江以南均可用作盆景栽培。

第三节　柑橘的主要生物学特性及其适宜的环境条件

一、主要生物学特性

1. 根的生长：柑橘根系主要分布在距地表 10~50 厘米的土壤中，约占总根量的 80% 以上，若深翻改土得好，根系分布可达 1 米。柑橘根系受伤后，能较快地长出新根，即再生能力较强。这都与施肥很有关系。根系主要特点：

（1）柑橘根系具有内生"菌根"，寄生在根内的真菌能帮助根系吸收养分和水分。柑橘菌根需要在有机质丰富的土壤中才能充分发挥其作用。在广东，尤其在红壤丘陵条件下，有机质含量较低，对菌根生存不利，必须增施有机肥料，改良土壤。

（2）柑橘根系对土壤温度要求较严格。在 7 ℃ 以下时根系失去吸收能力；在 37 ℃ 以上时生长微弱；在 40~45 ℃ 时，根系容易死亡。广东的夏秋季，高温对根系影响很大，要注意树盘覆盖降低土温。

（3）柑橘根系对土壤空气的水分要求较高。广东夏季高温多雨，容易引起果园积水，土壤通气不良，故应加强排除积水，改良土壤。

（4）柑橘根系对土壤的酸碱性要求较严格。如果土壤酸度过高会引起烂根。广东丘陵山地红壤多，酸性强，应施用石灰和少用酸性肥料等来调节土壤酸碱度。

2. 枝的生长：柑橘的芽具有早熟性，一年四季均可抽梢。在正常情况下，广东的柑橘可抽四次梢：

（1）春梢：立春至谷雨抽生，每年一般只抽一次，抽梢整齐，数量多，枝梢节间密，枝条短且充实而较圆。春梢可分为结果枝和营养枝，在春梢上开花结果的枝称为结果枝，不带花的称为营养枝，中等强壮的营养枝可成为次年的结果母枝。春梢是一年中的重要枝梢。

（2）夏梢：在立夏至大暑陆续抽生，抽梢不齐一，有早有晚。由于夏季高温多雨，生长迅速，枝梢长而粗，节间长，一般呈三角形，叶大，组织不充实。如果结果树夏梢大量抽生与幼果竞争肥水就会引起落果，生产上采用控制夏梢的措施。

（3）秋梢：在立秋至霜降抽生，其长度、叶片大小和抽发的数量有介于春梢与夏梢之间，枝质充实，是一年中的重要枝梢，是次年的主要结果母枝。

（4）冬梢：立冬至冬至抽生。因为低温干旱，冬梢生长细弱，叶小而黄，枝条不充实，一般不能成为结果母枝。

柑橘的枝梢生长具有顶芽"自剪"的特性。在新梢停止伸长几天后，嫩梢的顶芽能自行枯萎脱落。由于"自剪"原来顶芽以下的几个芽往往同时萌发，从而构成柑橘枝丛生性强的特性，在柑橘修剪中，为了平衡生长与结果关系，要适当处理丛生枝。

3. 开花结果习性：柑橘类果树，除枳是纯花芽外，其他种类均为枝、叶、花皆具有的混合芽。根据枝条性质，分为结果枝、结果母枝和营养枝。春天，结果母枝上的芽，抽出结果枝，然后在结果枝的顶端或叶腋中，逐渐露出花蕾，开花和结果。因而，着生花的枝叫结果枝，着生结果枝的基枝叫结果母枝。

柑橘幼年结果树因生长旺盛，秋梢或夏梢均可为结果母枝；成年树，春梢或秋梢均可为结果母枝。柚类的结果母枝一般以两年生以上的春梢弱枝或无叶枝为主。

柑橘是混合花芽，如果抽出的是带叶结果枝，其座果率较高。但温州蜜柑、柠檬、柚、金柑的无叶结果枝也是重要的结果枝。

柑橘的花是完全花，大多数品种需要经授粉受精后才能结果，但也有一些种类品种可不经授粉受精亦能结出无核果实，这种现象称为"单性结实"。如温州蜜柑、脐橙、南丰蜜橘等。

二、对外界环境条件的要求

柑橘原产在南方热带亚热带地区，由于长期环境的适应，形成了柑橘的常绿性、耐阴、不耐低温、根系浅而分布广、湿润而不耐旱、需有机质丰富等特性。在生产栽培中，给予它这样的生态环境才能获得丰产和稳产。

（一）温度：温度是限制柑橘栽培分布的因素，关系其生存与产量、品质。柑橘多数品种生长最适宜温度为 23～31 ℃，高于 37 ℃生长停止，低于 -5 ℃不能安全越冬。广东省内的温度条件适应柑橘栽培，但因各品种的最适宜温度不同，广东北部冷凉，更适于温州蜜柑、脐橙、柚等品种栽培，而南部暖和适于蕉柑、椪柑、红江橙等品种栽培。

（二）水分：柑橘是常绿果树，发梢次数多、生长快、挂果期长，周年要消耗大量水分。在年雨量 1 000～1 500 毫米，柑橘生长季节每月 120～150 毫米的地区，适宜栽培。广东各地的年降雨量大部分地区均适宜柑橘栽植，但要注意夏季多雨季节时的排水，秋旱时的灌溉问题。

（三）土壤：虽然柑橘对土壤适应性广，但为了获得丰产稳产，必须做到：土层深厚、疏松肥沃，广东要强调多施有机质肥改良土壤，使土壤耕作层的有机质含量达 2%～3%以上；要求深耕改土，使土壤排水透气性能良好；要调节好土壤酸碱度，结合施基肥撒入适量石灰，解决酸度过高（pH5.5 以下）的问题。

第四节 柑橘的栽培技术要点

要使柑橘早结果、丰产、稳产，土肥的管理和树冠的管理是决定性的基础。若要亩产 2 000 公斤果实，柑橘树下的土壤熟土要达到 40 厘米以上，有机质含量 1.5%～2.5%。如果一株柑橘株产 80 公斤，则需要耗去氮素 0.48 公斤、有效磷 0.09 公斤、有效钾 0.32 公斤，相当于要给补充 1 公斤尿素或者 2.3 公斤硫酸铵、0.5 公斤过硫酸钙和 0.85 公斤硝酸钾。

广东大面积生产应该做到：

一、幼年树的管理

（一）定植密度：甜橙以行株距 4×3.5～5×4 米（每亩 63～36 株）；早熟温州蜜柑 4×2.5～4.5×3 米（每亩 66～49 株）；柚 5×4～6×5 米（每亩 33～22 株）。

（二）定植后注意勤施精细肥，使上层土壤根系发育良好，促使树冠迅速扩大，行间上半年种西瓜等，下半年种豆科绿肥等。

（三）9 至 10 月沿树冠外围滴水线开沟，切断徒长根，分层压入土杂肥，促发大量吸收新根。

（四）注意及时排除积水和覆盖树盘降温保水。

（五）对幼树"先促后控"，促进成花。定植后两年以放春、夏、秋等多次梢生长，经过充分的营养生长，打好成花的物质基础。第三年已抽了 6～8 次梢，形成一定的树冠，可在投产的前一年的 9～10 月，对营养生长旺盛的树进行环割、拉枝、断根、主枝箍扎等，促使芽内细胞液浓度增高。在头年 11 月～次年 2 月花芽分化期内，注意对水肥条件好，特别是地下水位高的柑橘园，挖沟排水，并停止灌溉，控水 15～20 天左右，以利促成花芽。也可在这期间内，对旺树根外喷 0.3%～0.6% 磷酸二氢钾两三次，对较弱树喷 0.2% 磷酸二氢钾加 0.4% 尿素两三次。

二、结果树的管理

柑橘幼树 3～4 年始花结果，经过 3～4 年的挂果投产后（大约是 8 年生之后），进入了结果期，之后应有 10～20 年的稳产、高产期。对于结果树的管理主要要协调好生长和结果的矛盾。应该注意：

（一）抓好几次关键施肥

1. 春梢肥：在 1～2 月春芽萌发前 15 天施肥，按照年施肥量 1/5 比例，以施速效性氮肥为主，配以根外喷施 0.2% 硼砂加 0.4% 尿素混合液一两次，谢花 3/4 时喷 50 ppm（即 50% 浓度）"920"保花保果。

2. 稳果肥：花谢后至六七月，为幼果长大期。此次施肥以氮肥为主，配合磷、钾肥。一般株产 50 公斤的树施 0.25～0.4 公斤复合肥为宜。配以根外喷施 0.3% 磷酸二氢钾或 1% 复合肥液。

3. 攻秋梢肥：秋梢是重要的结果母枝，要求抽得齐，生得壮。在放梢前 15～20 天（立秋前）施入全年施肥量 1/3 左右的肥。结合灌溉促抽梢。

4. 采果肥：甜橙在 10 月下旬，蕉柑在 11 月初施一次优质肥料，对恢复树势，促进花芽形成是重要的一次施肥。每株每年一般以农家有机肥 50～100 公斤，过磷酸钙 0.5～1 公斤，氮肥 0.3 公斤混合穴施。

（二）加强树冠管理

1. 抹除夏梢：六七月的夏梢消耗营养很多，又与果实争肥，要细致地、及时地除去。

2. 加大分枝角度，培养小枝等控枝技术，使内膛通气透光，促进花芽形成和内外上下立体结果。对树龄较大或丰产后其树冠顶部开始衰退的植株进行压顶，即将衰退大枝从基部剪除，将树冠压低，促进树冠中下部和内膛枝生长成为结果母枝。

3. 加强病虫害防治。

第五节 柑橘的病虫害防治

柑橘病虫害种类很多，不少已对柑橘生产构成严重威胁，造成很大经济损失。分布普遍且危害严重的病害有黄龙病、溃疡病、疮痂病、炭疽病、黑斑病、树脂病等；虫害有螨类、蚧类、潜叶蛾、吸果夜蛾类、天牛类、吉丁虫类等。

一、主要病害

（一）黄龙病为难培养细菌或类细菌性病害，是检疫对象。主要危害夏、秋梢，其次为春梢。受害枝梢的叶片会渐黄化或黄绿斑驳，形成显眼的"黄梢"，病叶易脱落，落叶的枝梢则易干枯；病树开花早且特别多，花小畸形，易脱落；病果小、畸形（果脐常偏歪）、味酸等。防治方法：

1. 实行检疫。禁止病区苗木向新区、无病区调运，新辟果园一律用无病苗种植。

2. 建立无病苗圃，培育良种无病壮苗。可采用隔离苗圃、严格消毒繁殖材料、防疫等措施。

3. 及时挖除病株和喷药治虫，防止病菌扩散传播。每年春夏秋三个梢期（尤其是秋梢），检查果园，发现病株立即挖除烧毁。在柑橘和九里香萌芽期要及时喷药，消灭传病的木虱、蚜虫和其他害虫，也可利用木虱的寄生天敌啮小蜂等有效地防治木虱。

4. 加强肥水管理，保持树势健壮，对减少黄龙病的损失有一定作用。

5. 改造病区。若果园已普遍发病则可停种或改种其他作物。

（二）溃疡病是一种检疫性的细菌病害。主要危害叶、果、枝梢等。病部木栓化、粗糙、呈灰褐色，火山口状开裂，有油渍状外圈和黄色晕环（果实、枝梢上无）。

防治方法：严格实行检疫；培育无病苗木；新果园定植时，抗、感品种分片种植，严禁混植；合理施肥，控制夏、秋梢生长，促使抽梢整齐；适时喷药保护幼梢和果实，同时注意防治潜叶蛾，以免病原从伤口侵入。苗木和幼龄树以保梢为主，应在梢萌发后 20 天、30 天各喷 1 次；成年树以保果为主，宜于落花后 10 天、30 天、50 天各喷药 1 次。常用药剂有 0.06% ~0.1% 链霉素（加 1% 酒精作辅助剂）、0.3% ~0.5% 石灰过量式波尔多液、铜皂液（硫酸铜 1 kg，松脂合剂 4 kg，水 400 kg）、50% 退菌特可湿性粉剂 500 ~800 倍液、50% 可湿性多菌灵 1 000 倍、加瑞农 50% 可湿性粉剂有效浓度 0.06% ~0.1%、25% 噻枯唑可湿性粉剂（每亩用 100 ~1 509 兑水 50 kg。冬季清园，剪除病枝叶及病果，并集中烧毁。

（三）疮痂病为真菌性病害。主要危害新梢、幼叶、幼果，也危害花萼、花瓣。受害叶片初现水渍状小斑点，随后病斑渐木栓化，最后形成叶面凹陷、叶背突起、表面粗糙、呈灰褐色圆锥形的疮痂病斑；幼果受害，发育不良，果小畸形、皮厚汁少、果皮上形成木栓化的褐色瘤状突起、会早期脱落。

防治方法：以药剂防治为主，参考溃疡病的防治。

（四）炭疽病、黑斑病、树脂病、裙腐病

1. 炭疽病　是一种真菌性病害。常引起落叶、枯梢、僵果、落果等现象，导致树势衰弱和减产，严重时全株枯死。叶、枝梢病部常有朱红色或黑色小粒点，幼果上有白色霉状物或朱红色小粒点，成熟果受害有干斑、果腐两种。

2. 黑斑病　为真菌性病害。只发生在成熟果实上，很少发生在青果上。受害果面中部凹陷、边缘稍隆起，呈深褐色至灰褐色，其上长有很多细小黑粒。枝梢、叶也能被害，症状与果实相似。

3. 树脂病　又名流胶病，是一种真菌性病害。枝干、叶、果均可受害。枝干受害多发生在主干部及其分叉处，皮层坏死呈灰或红褐色，渗出恶臭的褐色胶液；发生在叶片、未成熟果上，病部表面生许多紫黑色、胶质状小粒点，略隆起，表面粗糙状若砂子，故称砂皮病；成熟果上常从蒂部开始发病向脐部扩展，呈褐色（亦称褐色蒂腐病），果心腐烂快于果皮，故还有"穿心烂"之称。

4. 裙腐病　为真菌性病害。危害根颈部和根系。病部皮层腐烂，有酒糟味，潮湿时会流出胶水，病斑迅速扩展，造成根颈"环割"；根群腐烂，地上部叶片黄化易脱落，直至整株枯死。

对上述病害的防治，除加强栽培管理、重视果园卫生、剪除病枝叶和病果、选用抗病砧木、刮除病部及涂药外，主要是喷施杀菌剂如波尔多液、50%多菌灵，50%甲基托布津800～1 000倍液等。

二、主要虫害

（一）螨类主要有锈螨、红蜘蛛、始叶螨、裂爪螨等。它们多危害叶片、果面、嫩梢及花蕾，吸食汁液，形成不同颜色的斑块（分别为黑褐色、灰白色、退黄斑块），果实品质降低、提早落叶、影响树势。

防治措施：果园种植覆盖植物、改善灌水条件、调节小气候，可减轻发生和危害的程度；利用螨类天敌如食螨瓢虫、捕食螨、塔六点蓟马、花蝽、汤普森多毛菌、芽枝霉等；喷杀螨剂防治，如常用的克螨特3 000倍液、20%双甲脒乳油1 000～1 500倍液、25%乐果乳剂或80%敌敌畏乳剂2 000～3 000倍液，20%杀螨酯可湿性粉剂600～800倍液等；此外，洗衣粉800～1 000倍液、0.4%杀蚜素600倍液、松脂合剂8～20倍液，胶体硫400

倍液等的防治效果也很好。

（二）蚧类　危害柑橘的蚧类很多，主要有吹绵蚧、粉蚧、褐圆蚧、草履蚧、盾蚧、蜡蚧等。对柑橘的危害遍及根、茎、叶、果，刺吸汁液，致使叶片早落、落果、枝条枯萎、树势衰弱，影响果实产量和质量。

防治措施：苗木要检疫，有蚧类的苗木要用适宜熏蒸剂（如溴甲烷）除虫，防止传播；结合修剪，剪除虫枝并集中烧毁；保护及利用天敌，引进放饲和人工助迁，如澳洲飘虫、大红飘虫、小红飘虫、多种小毛飘虫和多种小蜂；适时喷药防治，在幼蚧期喷药为好，药剂可选用40%氧化乐果800～1 000倍液、80%敌敌畏800倍液、石油乳剂（含油量为2%～5%）、松脂合剂等。

（三）潜叶蛾类　是柑橘嫩梢期的主要害虫。幼虫潜入嫩叶表皮下蛀食叶肉，形成弯曲隧道，被害叶严重卷缩，新梢生长停滞，影响树冠长成。

防治措施：抹芽控制夏梢和早发的秋梢，切断虫源；放梢前半个月，加强肥水管理，使抽梢整齐，缩短危害期；利用天敌，如白星姬小蜂；放梢后20天内，喷新抽嫩梢两三次，每次相隔5天，可选用25%西维因500～700倍液、20%叶蝉散1 000倍液、敌敌畏乳剂、氧化乐果乳剂等。

（四）吸果夜蛾类　最主要的是嘴壶夜蛾，其次是鸟嘴壶夜蛾、壶夜蛾、落叶夜蛾、艳叶夜蛾、枯叶夜蛾、桥夜蛾、超桥夜蛾、彩肖金夜蛾和小造桥虫等。成虫在柑橘果实成熟前后，夜出刺吸果汁，刺孔处流出汁液，伤口软腐呈水渍状，果实终至脱落。它们早期危害枇杷、芒果、荔枝、龙眼等果树的果实。

防治措施：清除柑橘果园四周500米范围内的灌木丛，杜绝虫源；山区柑橘园若成片种植迟熟品种，则可减轻危害；成虫发生期，每亩设置40瓦黄色荧光灯（波长5 934米）一两支，或其他黄色灯光挂在果园边缘内，亦可悬挂滴上香茅油的纸片于果园边缘几行植株上，都有驱避作用；夜间提灯捕蛾；果实成熟期套袋保护，但套袋前须做好防锈螨工作，否则黑皮果严重。

（五）天牛类　南方常见且危害柑橘严重的天牛有星天牛、褐天牛和光盾绿天牛。以成虫啃食细枝皮层，幼虫钻蛀枝干。受害植株表现缺肥状，叶片黄化，树势衰弱，严重的能导致死树毁园。

防治措施：加强栽培管理，注意修剪及剪口平整、枝干光滑、枝干上的孔洞用黏土堵塞，可减少产卵及成虫潜入洞内的危害；用利刀刮除虫卵和皮下的低龄幼虫；捕杀成虫，成虫多在晴天中午栖息枝端、黄昏后在树干基部产卵，及时组织人员捕杀；采用钩刺杀蛀入木质部的幼虫，或用棉球饱吸敌敌畏或乐果 5～10 倍液，塞入虫孔并用湿泥封堵，可毒杀幼虫。

（六）吉丁虫类 常见的有柑橘爆皮虫、缠皮虫、六点吉丁虫等。幼虫蛀食枝干，造成虫道；成虫能食叶片，生成缺刻；被害树严重的则枯死。

防治措施：加强栽培管理，注意施肥，防旱涝、冻及其他病虫害等，提高柑橘抗虫性；结合修剪清园，消灭枯枝和虫源；在吞季成虫出洞前，对发生过虫害的树，用稻草或草绳涂泥包扎，小留缝隙，可杜绝成虫出洞及有助于树体伤口愈合，并且可减少成虫产卵的机会；掌握幼虫初发盛期，根据流胶的症状，可用小刀刮除，然后在伤口涂上保护剂或 80% 敌敌畏乳剂，可杀死皮层内的幼虫；成虫出洞高峰期，用 90% 晶体敌百虫 1 000～1500 倍液或 80% 敌敌畏乳剂喷射树冠及对受害枝干涂刷药液，消灭出洞的成虫。

第六节 柑橘的采收与贮藏

柑橘采收期因种类、品种、树龄、生长势强弱及栽培地区、气候条件、农业技术措施、不同年份等而有迟早，过早过迟采收均有不良影响，会影响到果实的品质、产量、贮运等。根据用途、运输远近等，一般果皮有 70%～80% 转变为固有色泽即宜采收。如供贮运的果实可比当地销鲜食用果稍早采收；而当地销鲜食用果和作果酱、果汁、糖水柑片等加工用果，在充分成熟时采收更为适宜。此外，可根据果汁糖酸比率、果梗上的离层发生、果实大小等决定。采收最好在温度较低的晴天早晨露干后进行，采收时应由下到上、由外到内，要用采果剪（须是圆头、刀口锋利）采果，要齐果蒂把果柄剪断。采收过程要减少机械伤，并且轻拿轻放，对降低贮运损耗确保丰产丰收关系重大。采收后的果实要放阴凉处，不能日晒雨淋，然后进行果实初选，拣出有病虫、畸形、过小和机械伤的果实，把合格的果实送至包装地点。先经过预冷，蒸发部分水分，使果皮疏松有弹性，然后入冷藏库贮藏或远运。

柑橘常温贮藏是热带亚热带水果贮藏技术中成功的一例，已遍及我国各地。根据各地条件与习惯，如地窖、防空洞，甚至较阴凉通风的普通民房同样可以使用，并且可取得良好的效果。此外，冷库贮藏要注意安全低温指标：橘类 3 ~ 5 ℃，橙类 6 ~ 9 ℃，柠檬 12 ~ 14 ℃，要特别防止出现冷害现象。

第六章　荔枝栽培

第一节　概　述

荔枝为广东四大名果之一，是我国的珍贵果品。荔枝果鲜甜可口，营养丰富，品质极优，是内外销著名佳果。明朝医药学家李时珍在《本草纲目》中写道："常食荔枝，能补脑健身、治疗瘰疬疔肿，开胃益脾，干制品能补元气，为产妇及老弱补品"，可以看出荔枝的保健作用。

据分析，荔枝果肉含糖达 20% 以上，蛋白质 0.94%，脂肪 0.97%，维生素 C 每 100 毫升果汁中含 13.20 ~ 71.72 毫克，可溶性固形物 12.9% ~ 21%，还含有磷、钙、硫胺素、核黄素等。

荔枝除果实供鲜食外，还可制果干、糖水罐头、果汁、酿酒、制醋等；树干是坚实良好的木材；果核含淀粉 57%。每 50 公斤干果核可酿制 35 ~ 40 公斤酒；荔枝花是上等蜜源，荔枝蜜是优质蜂蜜。

荔枝原产我国南部，至少有 2 000 多年的栽培历史。在国外除了亚洲的印度、东南亚各国等栽培外，还有美国、巴西、古巴、巴拿马、澳大利亚、南非等国先后从我国引种栽培。

我国荔枝分布以广东、福建、广西三省（区）最多，台湾、四川、云南、贵州局部的亚热带气候地区也有栽培。品种最多、品质最佳及产量最多均属广东，广东荔枝产量约占全国总产量的七成。广东除北部个别市、县外，荔枝栽培多达 80 多个市、县，以茂名、高州、电白、广州、东莞、中山等较多。广东省 1997 年栽培荔枝面积达到 403.51 万亩，是 1981 年 40 万亩的 10 倍；其年产量是 41 万吨，是 1980 年 3.9 万吨的 10 倍多，是解放前最高年产量 1936 年 9 万吨的 4.6 倍。其中发展最快是茂名，1997 年栽培面积为 141 万亩，占全省栽培面积的 35%；年产量为 17 万吨，占全省产量 41%。

荔枝对气候要求较严格，因而限制了其栽培分布。荔枝栽培适宜在年平均温度为 18～20 ℃，一月平均温度 10～17 ℃，绝对低温 -2 ℃以上的地区为主产区。

广东省栽培分布最多是北回归线（北纬 23°27′的北纬线）以南地区，如茂名、广州、惠州、揭阳、云浮、湛江、阳江等市为主。但由于东西部的气候有一定差异，茂名等地比广州等地早熟 15～20 天，所以在品种上也有差异，茂名、高州、电白等以白糖罂、白蜡为主，广州等则以妃子笑、糯米糍、桂味、黑叶、怀枝为主。荔枝开花期常遇春寒低温多雨天气，引起花期烂花，这是荔枝大小年原因之一。如果冬季遇上适宜形成花芽多的天气，花期又晴好，荔枝的座果率大大提高，产量大增。

第二节　荔枝主要品种

荔枝属无患子科常绿乔木。无患子科中的果树植物有很多，如广东常见的龙眼、红毛丹等。

荔枝原产我国，除野生荔枝外，福建、四川、广西均发现已有千年历史的老树。全国荔枝品种有 140 个以上。广东省已知达到 100 多个品种，其中主要栽培品种有：

（一）三月红（玉荷包）：主产广东中山、新会、广州。广西玉林、横县、灵山有少量栽培。枝条粗而疏，叶大，花穗和果也大（平均果重31.5克）。果实心形，果肩宽而斜，果皮鲜红色。肉质稍粗、多汁、味甜中带酸，品质中等。可食部分占全果重62%～68%、糖15.2%～20.3%，二三月开花，五月上市，是最早熟品种，价格较贵。较稳产丰产，耐湿性强，适于肥水条件良好的低地栽培，因此比较集中在珠江三角洲水乡栽植。

（二）白糖罂：主产广东茂名、高州、电白，是广东品质上等的早熟品种。枝条粗短，树冠较紧凑，叶色较淡。果实歪心形，单果重21.4～31.8克。果皮薄，鲜红色。肉质爽脆清甜，可食部分占果重70%～79%，含可溶性固形物17.7%～19.5%，品质上等。当地5月下旬成熟。早熟、果大、丰产、耐肥，宜植于土壤肥沃、土层深厚的地方。

（三）白蜡：主产广东电白、高州等地，是广东早熟丰产较优质的早熟品种。树势中等，枝条较疏长而硬。果近心形或卵形，中等大，平均单果重24.1克。果皮鲜红色，薄而软。果肉爽脆，清甜多汁。可食部分占全果重的72%，含可溶性固形物19.1%～20.0%，品质上等，是出口鲜果。5月下旬至6月上旬成熟。较丰产，有大小年现象。

（四）妃子笑：主产广东中山、广州、东莞、高州、惠州等地，广西南宁也有栽培。是广东著名荔枝品种之一。树势中等，叶片阔长、渐尖，果卵圆形，平均单果重30克。果皮淡红至鲜红色。果大种子小，肉厚汁多，质爽脆，清甜香滑，最适宜鲜食，品质上等。可食部分占全果重79.4%～82.5%，含可溶性固形物18.4%～19.0%。6月中旬成熟。丰产、稳产，近年栽培发展较快，是国外市场较具竞争力的品种。

（五）水东（圆枝）：主产广东中山、番禺、新会、广州，广西也有少量栽培。树冠开张而疏散，枝条疏而长，略下垂，生长旺盛。果实歪心形，平均单果重25克。果皮暗红色。果肉厚，肉质柔软，多汁味较甜。可食部分占全果重的72%，含可溶性固形物16%～17.1%，品质中上。广东、广西5月下旬至6月上旬成熟。较丰产、稳产、耐温，是广东早熟品种中优良品种之一。

宜低地及水乡栽植。

（六）黑叶（乌叶）：主产广东东莞、广州、惠州、电白和广西、福建，台湾、四川及国外也有栽培。它是栽培分布最多的中熟品种。枝脆易断，叶阔而叶端尖长，叶色乌黑浓绿，故名黑叶。果卵圆，皮暗红色，皮薄，采后易变黑褐色，肉甜而爽，品质中上，种子大而饱满。单果重16.1～32克。可食部分占全果重的63%～73%，含可溶性固形物16.5%～20%。6月中旬成熟，鲜食、晒干、制罐均可。较丰产，在水乡栽植较稳产，旱地栽植大小年较明显，抗风力较差，天牛危害较多。

（七）桂味：主产广东东莞、广州、新会、高州。广西南宁、灵山、百色和福建、四川、台湾也栽培。是广东栽培较多的优良品种之一。树高大，枝长而疏，硬而向上生长，叶较小，叶淡绿色。果实圆形，果皮的裂片尖锐刺手，果皮浅红带绿，种子小或退化，肉厚质实、爽脆清甜有浓香，鲜食最佳。单果重15～22克。可食部分占全果重的75%～81%，可溶性固形物18%～21%，品质极优。6月下旬至7月上旬成熟，是重要的出口果品，但不易丰产稳产。

（八）糯米糍：主产广东广州、东莞。它是价值最高的优良品种。树冠广阔伞形，枝叶细密略下垂，叶薄而柔软，叶绿波浪状。果实偏心脏形，较大，单果重20～27克，种子很小，果皮淡红至鲜红色。肉质软滑，浓甜多汁有微香，品质极优。6月下旬至7月上旬成熟。鲜食、晒干均可。单株产量高但易裂果，大小年较明显。

（九）淮枝（怀枝、禾枝）：主产广东广州、东莞、惠州等。是栽培最普遍、产量最多的品种。树枝密集而短，形成紧密矮生树冠，叶短而硬厚。果近圆形，单果重15.4～28.3克。果皮厚韧，暗红色。种子中等大小，饱满。肉质软滑味甜，可食部分占全果重68%～76%，含可溶性固形物17%～21%，品质中等。7月上中旬成熟。高产稳产，山地平地均适栽植。鲜食、晒干均可。

（十）香荔：主产广东新兴、罗定、郁南一带。树身高大，生长势强，枝条密而细长，叶色浓绿。果椭圆形，皮深红色，果小，平均单果重 10.6 克。种子一般甚小。肉质爽脆，清甜有浓香，可食部分占全果重 72%，可溶性固形物 18%，品质上等。产地 6 月下旬至 7 月上旬成熟。它是广东著名优良品种之一。大小年现象较明显。

另外，还有 6 月上中旬成熟的大造、6 月下旬成熟的增城挂绿、7 月上旬成熟的尚书怀等均是广东著名品种。

第三节　荔枝的主要生物学特性及其适宜的环境条件

一、主要生物学特性

（一）树体特性：常绿乔木，主干粗壮，树皮光滑，树冠圆头形。主枝粗大，分枝多，向四周分布均匀。树姿因品种而异；如黑叶、桂味树姿较直立，枝叶较稀疏；淮枝、糯米糍枝叶较紧密；桂味、三月红枝叶较为稀疏。

（二）根的生长：荔枝根庞大，其扩展深远因苗木、土壤、地下水位及栽培管理而异。实生苗初期主根发达、侧根短少，其后侧根也发达而形成广深强固根群，而压条（圈枝）苗木无主根，幼时侧根多，其后分布广而较浅，但根群仍庞大。荔枝根穿透力强，能深入土层，一般土层厚的冲积土，根较深生可达 2 米以上。由于荔枝根深入土层，故耐旱性较强。

（1）荔枝根系具有内生菌根，有利于根群对矿质营养和水分的吸收。

（2）荔枝根系在土温 10～20 ℃时，随着温度的渐增，根系生长由缓慢转入快速，23～26 ℃时最适宜根系生长，当土温高达 31 ℃时，根系生长则趋缓慢。

（3）荔枝根系在土壤含水量 9%～16% 时，根生长很慢，达到 23% 时根系生长转快。

（4）酸性土适合于荔枝根系的要求，也能促进菌根的生长，尤以 pH5～5.5 生长最好，但过酸的土壤对菌根生长不利。

（三）枝的生长：荔枝每年发梢次数、数量及长度因树龄、树势、肥水及气候条件不同而异。幼树一年可发四五次或更多的梢，老树只一两次；结果树因开花结果情况而异，果多而肥水充足者，一般在采果后于八九月能发一次秋梢，成为良好的结果母枝，而少花果的树可在无花枝上发春梢，至秋天再发一次梢并成为结果母枝。秋梢结果母枝宜生长中庸，壮而不旺，才能有利形成花芽，如若枝条壮旺，养分积累充足，一旦遇上气候适宜，则早抽秋梢，易萌发冬梢，影响形成花芽，故要控制冬梢的发生。

（四）开花结果习性：荔枝花穗是大型聚散圆锥花序，每穗有花数十朵至四千多朵花。荔枝花小，一般无花瓣，多为雌雄异花，少数为完全花。雌花俗称"仔花"，子房发达，雄蕊发育不全；雄花俗称"虚花"，花丝很长，花粉健全，但雌蕊发育不全；完全花的雌雄蕊均发育健全，能结果。

形成花芽的时间因品种、地区而异，广州地区早熟种约在10～12月，中熟种在12～1月，迟熟种在1～2月，开花期相应为2月上旬～3月上中旬、3月下旬～4月下旬、4月上旬～4月中旬。

荔枝开花在整个花序来说是有先后的，一般是下部先开，上部后开，而且同一花穗上的雌雄蕊成熟期不同，对荔枝授粉受精影响很大。其雌雄开花顺序有三种类型：

（1）单次异熟型：整个花期雌雄花不同时开放，故雌雄花异开，对授粉不利。如黑叶、糯米糍。

（2）单次同熟型：虽然雌雄花成熟有先后，但整个开花过程仍有几天同时开放。如淮枝。

（3）多次同熟型：在整个开花期中，雌雄花同时开放在一次以上，有利授粉。如三月红。雌蕊受精后，子房开始发育，在果实发育过程中荔枝有三个落果期：①幼果期落果，当果实大小如绿豆时大量脱落，主要是受精不完全或温度不适，称为"争大细"，其落果量大，占总果量的 1/3～1/2，尤以阴天冷雨，通风透光条件不良者严重；②中期落果，果实如蚕豆大小时脱落，此时期种子迅速增大，果肉包至种子高度的 1/2～2/3，种子与果肉同时生长，需大量养分，往往因胚中途死亡及果实缺乏养分及虫害造成落果；③采前落果，果皮转红时，如遇连日阴雨、晴天骤雨而引起裂果、落果。

二、对外界环境条件的要求

荔枝原产我国南方，对温湿度要求较严格。

（一）温度：是限制荔枝栽培分布的原因。荔枝需要夏季高温，冬季有短时寒冷，有利抑制营养生长，促进形成花芽，如当时兼有干旱，则花形成更好。荔枝栽培在年平均温度为 18 ~ 20 ℃的地区，一月平均温度 10 ~ 17 ℃，绝对低温 – 2 ℃以上为宜。开花期间，若温度在 5 ~ 8 ℃则很少开花，10 ℃以上才开始开花，18 ~ 24 ℃开花最盛，29 ℃以上又减少开花。气温过低，开花期会延迟。

（二）水分：荔枝性好温湿，但花期忌雨，同时低温阴雨影响了昆虫活动，很难完成授粉工作。因此，花期遇上晴好天气对当年荔枝产量影响很大。荔枝果实发育时间很短，生长很快，需要一定雨量，但到接近成熟期，如遇上台风阴雨，土壤通气不良，水分太多，引起裂果、落果。

（三）光照：俗语说"当日荔枝，背日龙眼"，说明荔枝对日照的要求较高。充足的阳光能促进同化作用与形成花芽、增进果实色泽，提高品质。

第四节 荔枝的栽培技术要点

荔枝从定植到进入结果期，在一般的栽培条件下，需要七八年。但如果能加强栽培管理，争取每年生长三四次梢，每次梢长 9 ~ 15 厘米，每年树冠直径扩大 60 厘米以上，则可提前二三年进入结果期。

一、幼年树的管理

幼树管理重点在培养良好树形，迅速扩大树冠，增厚绿叶层，为早结丰产打好基础。

（一）勤施薄肥：定植后头两年每月施一两次水粪肥，第三、四年每季度施肥一次，肥量由少到多，由稀到浓，在干旱季节应该灌水，使大量春、夏、秋梢萌发生长。

（二）间作：幼树株行间隙大，要间种一些矮生和不抢肥水的作物，如瓜类、豆类，有利荔枝根系生长，间作物的植株又可作为有机质肥施入土内。

（三）树冠周围的土壤管理：幼年树中耕除草，一般结合间种作物管理的同时进行。为了适应植株生长，应有计划地扩穴改土。

（四）定干整形：定植成活后的两三年内，根据树苗情况，在干高50厘米处培养三四条分布均匀、生长壮健的主枝，剪除过密、交叉、弯曲枝，使自然形成圆头形树冠。

二、结果树的管理

定植三四年的嫁接苗或圈枝苗，如果管理得好，树冠形成较大，即可开花结果。荔枝树结果容易产生大小年结果现象。出现大小年结果的原因是多方面的，它与品种特性、外界环境条件和栽培管理有密切关系。生产实践证明，克服荔枝大小年结果现象，保持荔枝年年丰产稳产的有效措施，主要是解决好促花保果、稳攻秋梢和巧控冬梢这三个环节。

（一）促花保果

要保证当年丰产丰收，又保持一定的树体营养水平，使丰产树不衰，为来年继续丰产打下基础。主要措施是根据荔枝花果发育特性加强肥水管理。

1. 采果前后肥：其作用是恢复树势、促发秋梢结果母枝。对早熟品种或准备培养一次秋梢为结果母枝的壮旺树，可在采果后结合松土时才施肥，以免秋梢发生过早招来冬梢。老弱树，果多树或树势较壮旺而拟培养二次秋梢的，宜于采果前约半个月施肥。施肥量以结果量计，一般每100公斤产量约施入尿素1.5公斤、氯化钾0.7公斤、过磷酸钙0.5公斤，或每株施入人畜粪尿100～150公斤。如能结合深耕施入土杂肥、花生杆或塘泥效果更好。

2. 促花肥：这次肥可增强树体抗逆能力，促花穗壮健，利于提高座果率。这次肥如施得适时，则促进花芽形成，抽出健壮花穗，但施得不适时，则促使冬梢抽出。因此，施肥时要看天，依具体情况决定施肥迟早才能有效。如果树壮旺，叶色浓绿，天气回暖早，雨水多，早施肥会促使新梢生长，春天很难成花。因此，要待到结果母枝有"白点"出现时才施。相反，如果树弱或天气冷，则可稍早施肥。促使花芽形成。广州地区一般对早、中熟品种在"小寒"前后施，晚熟品种在"大寒"前后施。施肥量按约可产 100 公斤果的树计，约施尿素 0.7 公斤、过磷酸钙 0.5 公斤、氯化钾 0.4 公斤。

3. 壮果肥：开花后至第二次生理落果（果实如蚕豆大小）前施，可及时补充开花时的消耗，起保果、壮果、增进品质的作用，尤其是对老弱树，花果多的树更重要。按结果量计，每约结果 100 公斤，追施尿素 0.5 公斤、过磷酸钙 0.5 公斤、氯化钾 1.5 公斤。同时，在开花前后可喷 0.3%～0.4% 尿素、0.3% 磷酸二氢钾、0.3% 氯化钾溶液根外追肥。

（二）松土培土

荔枝根喜疏松通气土壤，这也有利于共生菌根的活动。一般一年要犁两三次，采果前后结合施肥进行一次，约 10～15 厘米深；冬季再犁一次，这次深达 15～20 厘米；开花前约 20 天，宜再浅犁一次。培土上泥是保护根系的又一措施。

（三）加强树体管理

1. 修剪：一般在采果后一个月内及 12 月中、下旬进行。要使枝梢分布均匀，不致过密过阴，树冠内通风透光，调节生长与结果平衡，减少病虫害。修剪多少根据品种、树龄、树势、土壤状况而异。老弱树、土壤瘠薄的荔枝园生长量少的宜较重短截，以利其更新复壮；将过密枝、阴枝、交叉枝、徒长枝等进行疏剪。三月红、水东、黑叶、桂味等枝较疏，其阴枝也能结果，应剪轻些；生长壮旺、肥水足的树及枝叶稠密的糯米糍、淮枝等可剪重些。

2. 控制冬梢：秋梢充分老熟后，对可能抽发冬梢的树要及时控制，方法有：

（1）耕锄断根法：对青壮年树进行，于 11 月底至 12 月上旬，在根盘周围深锄 20 厘米，切断水平侧根，抑制植株生长势。

（2）药物控制：在秋梢老熟后用 800～1 000 ppm 乙烯利倍液喷射抑制冬梢；11 月底喷花果灵可以促花。

3. 保花保果：对壮旺树在雄花刚开时，环割手臂粗的枝条一圈，有利保果；花期放蜂有利授粉；花期雨后摇花枝，旱天喷水；喷保果剂等都对保花保果有作用。

4. 加强病虫害防治工作。

第五节 荔枝的病虫害防治

荔枝是亚热带广泛栽培的果树，在主产区其病虫害种类较多，其中危害较大的有 10 余种。如霜疫霉病、炭疽病、酸腐病，荔枝蝽象、蛀蒂虫、瘿螨、叶瘿蚊、蓟马类、拟木蠹蛾类等。

一、主要病害

1. 荔枝霜疫霉病　是一种真菌性病害。主要危害近成熟的果实。多从果蒂开始，初期果皮变褐色，果肉腐烂具酒味或酸味、流出褐色汁液，中后期则病部表面长出白色霉状物。也可危害叶、花穗、结果小枝、果柄及幼果，高湿时病部均有白色霉状物。发病严重时常引起大量落果、烂果，损失率可达 30% ~ 80%。

防治方法：加强果园肥水管理，提高抗病能力；结合修剪清除树上烂果和病果，扫除地面落果，并集中处理掉；喷药保护，采果后应喷 1 次药，先用波尔多液、波美 0.3 ~ 0.5 度石硫合剂或 1% 硫酸亚铁，一般成年树每株喷 20 ~ 50 公斤药液，以喷湿枝叶而不滴水为度。发病严重的果园，应于花蕾期、幼果期及果实近成熟时各喷药 1 次，药剂可选用波尔多液、75% 百菌清、50% 多菌灵、70% 甲基托布津可湿性粉剂 1 500 倍液、50% 二硝散可湿性粉剂 250 倍液或 80% 三乙磷酸铝 200 ~ . 400 倍液。

2. 荔枝酸腐病　是荔枝果实上常见的一种真菌病害。多危害成熟果实，大多在果蒂端开始发病。病部初呈褐色，直至全果变褐腐烂，果肉腐化酸臭，外壳硬化呈暗褐色，有酸水流出，病部上生有白色霉。

防治方法：在采收、运输时，尽量避免损伤果实和果蒂；采后的荔枝果用 500 ~ 1 000 ppm 双胍盐或 500 ppm 抑霉唑加 200 ppm2, 4-D 浸果，对防治酸腐病较好；注意防治荔枝蝽象及果蛀蒂虫（参考后面）。

二、主要虫害

1. 荔枝蝽象　是荔枝、龙眼的主要害虫。成虫、若虫刺吸嫩梢、花穗、幼果汁液，被害部位呈褐色斑，导致落花落果，大发生时严重影响产量。该虫受惊动时射出臭液自卫，射在花、嫩枝和幼果上会变枯焦和脱落。

防治措施：①人工捕杀。在冬春低温时期（10 ℃以下）和雨后的早晨，振落成虫并集中处理掉；3～5月发动人员检查树冠下部和叶背，采摘卵块。②生物防治。利用人工繁殖的平腹小蜂，在早春荔枝蝽象产卵初期（3月底）开始放蜂，间隔10天一次，连放数次，每株树放蜂量600只左右。③药剂防治。早春越冬成虫未产卵前喷晒敌百虫800～1 000倍液，每株8～10公斤；第二次在5月上旬前后的若虫期进行。

2. 荔枝蛀蒂虫钻蛀荔枝、龙眼果实，也可蛀食花穗、嫩梢幼叶。在幼果膨大期蛀食果核，导致落果；果实着色后，仅在果蒂部危害，遗留虫粪，影响品质；危害花穗、新梢多钻蛀嫩茎近顶端和幼叶中脉，日后叶片中脉变褐、表皮破裂，花穗、新梢顶端则枯死。

防治措施：适时攻放秋梢，抑制冬梢，短截花穗，可减少越冬虫源；保护天敌，充分利用寄生蜂的自然控制作用；在采前各代成虫羽化前喷25%杀虫双乳剂500倍液或90%结晶敌百虫，重点喷果穗和内膛枝干，还可兼治蝽象若虫。

3. 荔枝瘿螨分布华南，危害荔枝、龙眼。成螨、若螨吸食嫩梢、叶片、花穗和幼果的汁液。叶片被害，多在叶背出现凹陷斑块和状似毛毡的绒毛（即虫瘿），受害叶表面扭曲不平，甚至枯干凋落。花器受害后，畸形膨大成簇不结实。

防治措施：冬季结合修剪清园；调运苗木要检查摘除虫叶，防虫害传到新区；保护利用天敌，如亚热冲绥螨；在二三月花穗和叶上初形成虫瘿之际，喷洒石硫合剂、敌敌畏乳剂、乐果乳剂或三氯杀螨醇乳剂800～1 000倍液。

4. 荔枝叶瘿蚊　广东许多地方都有叶瘿蚊危害且种群数量扩展很快，危害日趋严重。幼虫入侵嫩叶，出现水渍状点痕，随着幼虫生长，叶片两面突起形成小瘤状虫瘿，严重时叶片扭曲变形，最后多表现为穿孔状。

防治措施：冬季清园剪除叶瘿并烧掉；触杀刚羽化出土的成

虫，可撒施 50% 辛硫磷 0.5 公斤/亩或 25% 甲基 1605 粉剂 5 公斤/亩混泥粉于受害荔枝的树冠下土表；在受害严重的荔枝园，可于嫩梢抽发期间，在树冠上喷 25% 水胺硫磷 1 000 倍液或 90% 结晶敌百虫，7 天左右 1 次，直到新梢转绿，此法不得多用。

5. 蓟马类危害荔枝、龙眼，较常见的有三种，即红带网纹蓟马、茶黄蓟马、黄胸蓟马。多以成虫、若虫锉吸嫩叶的汁液，最后叶片枯焦易脱落，影响树势。

防治措施：加强栽培管理，使抽梢期较齐整，控制冬梢等来减少虫源为主；外加药剂防治，可用乐果、敌百虫等。

6. 拟木蠹蛾类除危害荔枝、龙眼外，尚能蛀害柑橘等。幼虫钻蛀枝干成坑道，但主要危害枝干皮层，严重影响生长。幼树受害，可致死亡。

防治措施：用注射器注射敌敌畏乳剂或其他有机磷药液约 0.5 毫升入坑道，均可杀死幼虫；在六、七月间喷晒氧化乐果、西维因或拟除虫菊酯稀释液于隧道附近的枝干上，可触杀初期幼虫；用竹签、木签堵塞坑道，可使幼虫或蛹窒息而死，也可用钢丝刺杀。

第六节　荔枝的采收与贮藏

荔枝采果时间、方法与果实产量、质量和以后结果母枝的抽生有密切关系。采收过早，产量低品质差；采收太迟则果成熟过度不耐贮藏和运输，品质下降，且树体负果时间延长而不易及早恢复。果实成熟期因品种、气候而异，广东早熟种在 5 月上、中旬采收，多数品种在 6 月上、中旬至 7 月上旬成熟；广西、福建、四川多在 6 月中旬至 7 月中下旬，有的品种要到 8 月上中旬才采收。一般是果皮颜色鲜红、果肉香甜、种子褐色即可采收。采收时，应配备长绳、果梯等，自上而下分层采摘，采果若是在龙头桠（葫芦头）上折断则称不带叶短枝采收法。采收时间以早晨为主，中午温度高易使果实变色。采后在果园就地分级，除去烂果、裂果及其他等外果，然后迅速装运。现仍多用竹箩装果，每件重 20 ~ 40 公斤。装时箩底及箩面均铺少许青叶，果实向外，果梗向内，箩盖用麻皮或铁丝缚紧，附上标签即可运送，或入库包装、保鲜贮藏。

一般选取八成熟的果实贮藏。入库前采用聚乙烯薄膜袋包装，每袋 0.5～1 公斤为好，袋内应有 0.5%～1.5% 的二氧化碳积累，并保持高湿度。当库内温度在 3～5 ℃条件下，可贮藏 20 天，好果率达 90% 以上，且出库后果实在常温下可保持 32 小时不变色，腐烂果很少。此外，荔枝在室温条件下可作短期保鲜：先将荔枝用 0.05% 苯来特溶液浸泡 2 分钟，捞出晾干再放入硬塑料盒中，每盒盛 10～15 个，再盖 0.01 毫米厚的聚乙烯薄膜，这样在广州夏季室温高达 33.5 ℃的条件下，一般都可保鲜六七天。除此之外，荔枝的贮藏保鲜可采用速冻保鲜法、杀酶喷酸保色法、热烫处理法、化学处理法等冷藏保鲜，时间可长达 1 年以上。

第七章　龙眼栽培

第一节　概　述

龙眼是我国南方名贵特产水果。龙眼果肉风味甜香，营养价值很高，一向被视为珍贵补品。李时珍在《本草纲目》中认为"资益以龙眼为良"，它具有"开胃健脾，补虚益智"的作用，可作治疗神经衰弱、贫血、病后体虚、妇女产后血亏等症的滋补品。我国北方人视龙眼为"南方人参"。

据分析，每 100 克龙眼鲜果肉含全糖 12.4～22.5 克、蛋白质 1.2 克、脂肪 0.1 克、柠檬酸 0.069～0.109 克、维生素 C43～163 毫克，还含有可增强人体血管性能的烟酸和助肝脏合成凝血酶原的维生素 K。

龙眼除供鲜食外，可制成桂元干、桂元肉糖水罐头、龙眼膏等。其木材纹理细致优美，坚固耐久，可用作雕刻工艺品；龙眼也是很好的蜜源植物。

龙眼原产我国华南和越南北部。现在世界上栽培的国家除我国外还有泰国、越南、印度、澳大利亚、美国等10多个国家。泰国龙眼可能于100年前从中国引入，但目前其出口龙眼发展很快，成为我国在国际市场上的主要竞争对手。

我国栽培龙眼至少有2 000多年历史。我国是世界龙眼栽培面积最大、产量最多的国家，主产区是广西、广东、福建和台湾，海南、四川、云南和贵州也有小规模栽培。全国栽培面积约435万亩，年总产量约40万吨。广东省1997年龙眼栽培面积179万亩，是1981年4.7万亩的38倍；年产量L2.5万吨，是1990年2.8万吨的4.5倍，是解放前最高年产1936年6.3万吨的2倍。其发展是迅速的。

龙眼性喜温暖多湿，是典型的亚热带常绿果树。年平均温度在20~22℃较为适宜，不耐低温，0℃幼苗受冻，-1℃以下持续几天则大树也会遭受冻害。

广东适合龙眼栽培区主要集中在北回归线附近，比荔枝分布较为北的地区。最大产区是茂名市，1997年栽培面积为93万亩，占全省1/2，年产量为5.4万吨，占全省43%。

第二节　龙眼主要种类和良种

龙眼属无患子科龙眼属，跟荔枝属近缘，该属在我国作果树栽培者仅龙眼一种。我国龙眼品种资源丰富，全国约有200多个品种、品系、株系和类型，其中主栽的优良品种约20多个。以下是广东的主要栽培品种：

一、储良：原产广东高州市分界镇储良村，主产茂名市，省内鹤山、深圳、广州、清新及广西的陆川、灵山、合浦、玉林均引种成功。该品种于1990年获广东省龙眼优良株第一名和1992年中国首届农业博览会金牌奖。

储良树势中等，树冠半园形开张，枝条节间较短，分枝多。果穗果粒多，大小较均匀。果大，平均单果重12~14克，扁圆形是其特征。果皮黄褐色，较平滑。果肉厚，白蜡色，易离核，肉质爽脆，果汁较少（俗称干胞果肉）。果汁含可溶性固形物20%～22%，每100毫升果汁含全糖18.6克、酸0.1克、维生素C44～52毫克，可食部分占全果69%～74%。品质上等。种子较小，棕黑色。当地成熟期7月底至8月旬，早熟良种。早结丰产。

二、石硖：又名石圆、脆肉、十叶等。原产广东南海平洲镇。主产中山、广州、佛山、东莞等地，广西平南、隆安栽培亦良好。

石硖树势旺盛，树冠较大，产量高，大小年不明显。果实圆形略扁，中等大，果重7.5～10.1克。果皮黄褐，具深黄褐色至灰黄褐色斑纹，粗厚易剥。肉厚，核小。种子红褐色。可食部分占全果重67%，果肉乳白色，味清甜，肉质爽脆，味芬香。果汁含可溶性固形物23%～26%，每100毫升果汁含全糖21～23克、酸0.12克、维生素C71毫克。品质上等。是广东著名品种之一。8月中旬成熟。

石硖龙眼分三个品系：（1）黄壳：果皮黄褐色、粗厚，果实较大，含糖和维生素C最高，是三品系中最优者；（2）青壳：果皮青褐色，较薄，易破裂。果实较小，汁多，较为丰产稳产，但含糖低，味淡。不宜干制，适于罐藏。比黄壳约迟熟7天；（3）宫粉壳：果皮粉白带淡红褐色，品质介于黄壳和青壳之间。皮厚、肉厚、味甜。树势旺，抗逆性强，产量高，稳产。

三、古山2号：原产广东揭东县云路镇北洋村古山。主产揭阳市。1995年获中国农业博览会金牌奖。

古山2号树势较强，树冠半圆形，开张，分枝密度中等。果实圆形略歪，平均果重9.4克。果皮黄褐色，较薄。果肉乳白色，果肉易离核，肉质爽脆，味清甜。果实可食部分占70%，果汁含可溶性固形物20%，每100毫升果汁含全糖17.4克、酸0.06克、维生素C85.7毫克，品质上等。种子棕褐色。当地8月上旬成熟。能丰产稳产。

四、双孖木：其母树原生长在广东高州曹江镇荷垌村的一株实生树，因具有两条主干而得名。1976年评为省内优良单株之一，1992年获中国首届农业博览会铜牌奖。现苗木推广种植于广东红壤丘陵山地和广西，适应性好。

树势强壮，树冠圆头至半圆头形，较开张。枝条较长，节间疏。果实圆形或扁圆形，单果重 11～13 克。果皮黄褐色，果皮较薄。果肉厚，淡黄白色，易离核，肉质略韧，汁多，味浓甜有香气。可食部分为 70%～74%，果汁含可溶性固形物 20.5%～22.5%，每 100 毫升果汁含全糖 18～19 克，酸 0.016～0.084 克，维生素 C79～L30 毫克。种子扁圆形，乌黑色。当地成熟期为 7 月下旬至 8 月上旬，早熟。

五、早禾：是广东最早熟的品种，分布于广州市。果实圆形，单果重 6.7 克，果皮薄而脆，青褐色。果肉乳白色，肉质爽脆，味甜，品质中上。可溶性固形物 13%。当地成熟期为 7 月中下旬。

六、大广眼：广东高州至湛江雷州半岛和广西南部为主产区。果实扁圆形，单果重 12～14 克。果皮黄褐色。果肉白蜡色，易离核，肉质爽脆带韧，汁量中等，味甜香，品质好。可食部分占 63%～73%，可溶性固形物 18%～22%。种子乌黑或红褐、棕褐色。当地 8 月上旬成熟，早熟。是鲜食和加工兼用品种。

七、赐合：主产广东普宁。树冠中等，树冠半圆形，开张。果穗大，果粒着生紧凑，并蒂果多。果实近圆球形，果肩略宽，平均单果重 12.5 克。果皮黄褐带绿，表面较粗糙。果肉浅蜡色，易离核，肉质较脆，汁稍多，味清甜，有香气，品质上等。可食率占 66%，可溶性固形物 20%，每 100 毫升果汁含全糖 19.5 克、酸 0.06 克、维生素 C55 毫克。种子黑褐色、长圆形。当地 8 月下旬成熟，中熟。丰产、稳产，是鲜食和加工兼用良种。

第三节　龙眼的主要生物学特性及其适宜的环境条件

龙眼是常绿果树，经济寿命长，一般达百年以上。

一、生物学特性

（一）根：龙眼根系庞大，垂直根深入土层三四米；侧根多，分布广。一年中以 6～8 月高温多湿季节生长量最多。龙眼具菌根，有利适应红壤坡地的旱、酸、瘠恶劣环境。

（二）枝：幼年树一年抽生新梢 3 ~ 6 次，一般春梢 1 次，夏梢 1 ~ 2 次，秋梢 2 次，有利早期形成树冠。结果树抽梢 1 ~ 4 次，一般春梢 1 次，夏梢 1 次，秋梢 1 ~ 2 次。结果树当年无花果的枝可抽出春、秋梢，间有夏梢；而结果多的树，经加强管理可在采果后抽秋梢。

秋梢是龙眼次年的主要结果母枝，秋梢的数量和健壮程度，对次年开花、座果状况影响很大。因此，加强栽培技术措施，培养足够数量的强壮秋梢是龙眼年年丰产的关键之一。

（三）开花结果：龙眼花穗为圆锥状聚散花序，每花序有十余枝分枝，整个花穗着花数百乃至数千朵花。花型与荔枝相似，具雌花、雄花和完全花。雌花是龙眼最重要的花型，直接关系到结果多少。正常的雌蕊具子房 2 室，并蒂而生，通常是一室受精后膨大、另一室萎缩，并宿存在果蒂旁边；少数两三室同时膨大，成并蒂果。

龙眼花期比荔枝迟，于 4 月上、中旬开花，比荔枝花期天气暖和些，有利授粉、着果。但果实的发育比荔枝约长 1 个月，所以结果母枝萌发如果较晚，会影响次年开花结果，龙眼有"育仔不惜身"特性，花穗大，花朵多，着果多，消耗营养多。如果需要龙眼年年能结果，应注意结果枝和营养枝的轮换，在结果大年疏去部分花穗或果粒，这样既可增大果粒又促使萌发夏秋梢，为次年继续结果创造条件。

二、对环境条件的要求

龙眼是典型的亚热带果树，性喜温暖多雨、阳光充足、冬季和初春适当低温，其根系要求微酸至酸性土壤。

（一）温度：龙眼对温度要求较敏感，这关系到龙眼的生存、产量和品质。年平均温度 20 ~ 23.5 ℃，冬季绝对最低气温多年平均值不低于 −1.5 ℃的地区是经济栽培的适宜区。其生长期最适温度为 23 ~ 32 ℃，这时根系活动能力强，枝梢生长快，但 35 ℃以上则生长受抑制。12 月份至次年 1 月份要有一段较低温 8 ~ 16 ℃的持续冷凉气候有利花芽形成。初春遇上 2 ~ 4 ℃倒春寒天气则幼嫩的花梗会全部被冻坏脱落。开花期需要较高的 20 ~ 27 ℃天气。

（二）水分：龙眼树比较耐旱，但整个生育期要求充足的水分，年雨量需在 1 000 ~ 1 700 毫米。但冬季形成花芽一段时间、开花期和果实成熟期不宜多雨，否则减少花量、着果率和降低果实品质。

（三）光照：龙眼是阳性植物，充足的阳光有利于它的生长结果。光照条件好，龙眼树的枝梢生长才壮旺，所以合理疏去内膛大枝，有利通风透光，有利培养结果母枝。所谓"当日荔枝，背日龙眼"主要的表现是荔枝上层枝结果较丰，但龙眼的下层枝仍可大量结果，这并不是说龙眼不需要充足的光照。

（四）土壤：龙眼对土壤的适应性较强，红壤或砖红壤均可栽培。但要求丰产、品质好，一定要控制在 pH5.5 ~ 6.5 范围内，土层松软湿润，有机质含量超过 1%，全氮量最少 0.07%，具有充足的大量元素和微量元素的园地内栽培龙眼。

第四节　龙眼的栽培技术要点

一、幼年树的管理：

（一）合理密植：充分利用土地与空间，增加早期产量，提早回收生产投资。定植株行距为 5 × 5 米、4 × 4 米、3 × 5 米，分别亩植 25、33、44 株，这样是传统种植密度的两三倍。

（二）扩穴改土，增施农家肥：参看荔枝一章。

（三）施肥：定植 1 个月后便可施薄水粪肥。幼树根较少，吸收力弱，而枝梢发生次数又较多，故需薄肥勤施，通常每年 4 ~ 6 次。

（四）加强树体管理：在定植后三四年内快速形成早结丰产能力的树冠，要造就主干 30 ~ 50 厘米的矮干；主枝四五条；侧枝连续分枝多；树高 1.6 ~ 2 米；冠幅 2 ~ 2.5 米的矮干开张性树冠。

二、结果树的管理：

（一）合理施肥：一般每生产 1 000 公斤龙眼鲜果，要从土壤中吸收纯氮 4.0 ~ 4.8 公斤，纯磷 1.46 ~ 1.58 公斤、纯钾 7.54 ~ 8.96 公斤。具体施花前肥、壮果肥、采果前后肥参考荔枝一章。关键是要施好培养秋梢作为结果母枝的肥，这次采前后肥要占全年施肥量50%～60%；攻第一次秋梢，于8月下旬～9月上旬，每株施腐熟花生麸水50公斤（含1.5～2公斤），尿素0.5公斤，复合肥0.6公斤，氯化钾0.3公斤，不施花生麸可用相应量鸡、猪粪替代；攻第二次秋梢，于10月上旬～10月中旬，每株施尿素0.2公斤，复合肥1.2～2公斤，氯化钾0.6～0.8公斤。如果收果后只放一次秋梢的，应将尿素增加至0.2～0.3公斤，复合肥减少至1～1.5公斤，氯化钾增加至0.5～0.6公斤，树势壮旺的则不施尿素，而用等量的复合肥替代。

（二）做好修剪：收果后及时回缩修剪和疏删修剪，控制树冠向外伸展及适当的枝梢疏密度，使树冠保持矮化紧凑、绿叶层厚。主要将部分结果过多的枝条回缩50～60厘米，留下20～25厘米的枝桩，以便每年更新1/3左右枝组。

（三）科学进行化学调控和机械调控技术：

1. 喷施"龙眼控梢促花素"：在年末最后一次梢（秋梢）老熟后喷第一次，隔20天喷第二次，可提高枝条成花率。

2. 喷乙烯利控冬梢：用200 ppm乙烯利在末次梢老熟时喷施，可控制植株在15天内不萌发冬梢；用250 ppm乙烯利喷施可有效抑制已萌发的冬梢，并杀死刚展叶的冬梢。

3. 螺旋环剥控梢促花：对生长势很旺，当年产量不高的树，遇上11月高温多雨，冬梢萌势较猛时，于11月下旬至12月上旬在一级或二级分枝上进行螺旋状剥皮，效果良好。

4. 果园放蜂：每5～8亩龙眼放一群蜂。有利帮助授粉。

5. 保果、壮果、疏果：

（1）于雌花谢花后25～30天喷"果特灵1号"，每包兑水20公斤，30天后再喷一次，保果效果好。

（2）施足壮果肥。于5月下旬至6月上旬第一次生理落果结束后施入，按株产25公斤果计，每株施花生麸粉1公斤，复合肥1公斤，氯化钾0.3公斤，尿素0.3公斤，钙镁磷肥0.25公斤。

（3）结果过多时，于6月中旬疏去20%～30%果穗，对壮果及保持树势很有利。

6. 加强病虫害防治。

第五节 龙眼的病虫害防治

龙眼病虫害与荔枝病虫害发生的种类相似，比较独特的有龙眼鬼帚病、角颊木虱、龙眼蜡蝉等。

一、主要病害

龙眼鬼帚病 又名丛枝病，是一种病毒性病害。发病枝梢上的幼叶狭小、淡绿色、叶缘内卷呈筒状，严重时全叶呈线状、烟褐色；成叶凹凸不平、叶缘外卷。发病严重者，新梢丛生、节间缩短、顶部叶片细长卷曲，病梢上各种畸形叶干枯脱落成秃枝，呈扫帚状。花穗丛生成簇状、花朵畸形膨大、量多、褐色、经久不落，一般不能结实。

防治方法：（1）实行检疫，严禁从病区输出苗木、种子和接穗；新区及新建果园如发现病株应及早砍除烧毁。（2）培育无病苗木，应从无病和品质优良的健壮母树上采集种子、接穗进行育苗。（3）加强栽培管理，增施有机肥，增强树势，提高抗病力；采果前后施氮、磷、钾促进秋梢萌发充实，增强抗寒力，减少秋梢发病；及时剪除病枝梢、病花穗。（4）新园宜选种抗病品种。（5）防治介体昆虫，如防荔枝蝽象（参考前面）及角颊木虱（参考后面）。

二、主要虫害

1. 龙眼角颊木虱 是龙眼的一种新害虫。主要是若虫在叶背吸食并形成下陷虫瘿，因此在叶面布满小突起，叶片变小、畸形扭曲、提早脱落。成虫亦在嫩梢、芽、叶上吸食危害。此外，该木虱为龙眼鬼帚病的传毒介体，故对龙眼生产威胁最严重。

防治措施：结合采后修剪，剪除有虫害的枝梢、叶片；加强肥水管理，使新梢抽发整齐，生长转绿快，迅速渡过受害危险期；保护及利用天敌；喷洒对硫磷、乐果、敌敌畏或除虫菊酯1500倍液等药剂，防治重点是越冬代若虫及第一代盛孵期。

2. 龙眼蜡蝉 又名龙眼鸡，多分布在华南，主要危害龙眼，也危害荔枝、橄榄、芒果等果树。成虫、若虫吸食树干和枝梢汁液，严重时则导致树势衰弱，枝条枯干，甚至落果，其排泄物可引起煤烟病。

防治措施：剪除过密枝条和被害枯枝，扫落若虫，放鸭啄食；保护天敌，如龙眼鸡寄蛾；选用 80% 敌敌畏、90% 晶体敌百虫、40% 乐果乳剂等喷晒，防治低龄若虫效果甚好。此外，敌敌畏对成虫也很有效。

第六节　龙眼的采收与贮藏

龙眼果实以充分成熟采收为宜，采收期因地区、品种、用途及气候而异。大多数龙眼于 8 ~ 9 月成熟。当果壳由青色转为褐色，由厚而粗糙转为薄而平滑；果肉由坚硬变柔软而富有弹性；果核变黑色（红核品种除外），果肉生青味消失呈现浓甜；即表示已成熟，应及时采收以免过熟落果。制罐头的原料宜八成熟采收，制干制酱的可十成熟采收，台风季节应及时抢收，远途运输则为八九成熟采收。采摘时一般用竹制的采果梯及采果篓。果穗采摘位置，于果穗基部与结果母枝交界处（约在果穗基部 3 ~ 6 cm 处），断口要整齐无撕皮裂口之弊，这样对再发新梢有益。采果在早晨或傍晚为宜，避免中午高温时采摘，以保持果实新鲜度。采下果穗应小心轻放，不可放在阳光下曝晒，雨天一般不采果为好。鲜果于包装前先经挑剔，除去坏果，并摘掉果穗上的叶片及过长的穗梗，使果穗整齐。包装时，竹篓底垫叶片，装篓时果穗先端朝外，穗梗朝内，篓中间留有空隙以便通气，避免发热变质。近来罐头厂多用活动通风箱装果，既防止机械伤又便于搬运。如果注意上述采收、包装、运输等环节，龙眼果实采下可保持 5 天不腐烂变质。

用于贮藏的龙眼九成熟采收后，要整穗装箱、每箱装果 15 公斤，迅速放入低温冷库贮藏。果箱在库内每堆 32 箱，果堆的上层箱上盖以牛皮纸防凝结的水分滴到果实上。果堆套上聚乙烯膜大帐，并用 0.1 毫克/千克的仲丁胺（2-AB）熏蒸，在低温 2.5 ~ 3 ℃ 下，大帐内二氧化碳保持 5.6% ~ 7.5%，氧保持 12.5% ~ 15%，有良好的保鲜效果。

第八章　香蕉栽培

第一节　概　述

香蕉是热带、亚热带地区的重要水果，也是华南四大名果之一。香蕉具有产量高、生产容易、投产快、风味佳、营养丰富、供应期长等特点，所以在地球南北纬30°以内的104个国家和地区，尤以热带和亚热带地区均分布有经济栽培区。

据分析，每100克香蕉果肉中含碳水化合物20克，蛋白质1.2克、脂肪0.6克，还有钙、磷、铁等微量元素和维生素B、维生素C等。

香蕉除供鲜食外，可制成蕉干、蕉酱、蕉粉和酿酒。其新鲜假茎、叶和花蕾可作养猪的青饲料。假茎烧灰制成的碱液可作食物防腐剂和染料固定剂。茎叶含钾量很高，可以沤烂作肥料。

香蕉原产亚洲东南部，我国南方属于这一区域。我国是香蕉栽培最早的国家之一，在1 500年以前，我国的香蕉栽培已经相当普遍。目前，世界上年产量在100万吨以上者有中国、印度、巴西、菲律宾、泰国、印尼、厄瓜多尔、洪都拉斯、墨西哥、巴拿马、坦桑尼亚、哥伦比亚、越南等国家。我国以广东、台湾、广西、福建等省区栽培最多，四川、云南、贵州和西藏也有少量分布。全国栽培面积约2 700万亩，年产量约260万吨。广东省1997年香蕉栽培面积113.5万亩，是1981年13万亩的8.7倍；年产量133万吨，是1980年3.8万吨的35倍。

香蕉是一种速生快长的草本热带果树，性喜高温湿润气候环境，不耐干旱和水浸，最怕强风和霜冻。以28~32℃时生长最旺盛，35℃以上却生长缓慢；在18℃以下生长很缓慢，到10℃时生长几乎停止；当气温降至7~8℃时叶片容易受害，4~5℃

以下地上部就会被冻死。

广东的主产区是茂名、珠江三角洲和潮汕等地，主要是栽培香蕉，其次是大蕉及粉蕉。最大产区是茂名市，1997 年栽培面积为 32 万亩，年产量为 42 万吨，占全省 1/3。

第二节　香蕉主要种类和良种

香蕉属芭蕉科芭蕉属。各地习惯把栽培的蕉类分为三大类，即香蕉类、大蕉类和粉蕉类。

一、香蕉类：有高型、中高型和矮型，假茎（由多数叶鞘紧密包合而成的"树干"）外面青绿色，有紫黑色斑块。叶柄短，叶柄槽开张，叶背面微披白粉。果实弯月形、具棱角，成熟时果皮淡绿色或黄色，果肉味甜、有香气、无种子。

（一）大种高把：为东莞、中山等地优良品种。植株高大壮健，假茎高 2.5～3.6 米，生长快，耐旱耐寒力较强，产量高，每穗果重 20～25 公斤，高产者达 35～40 公斤，但抗风能力弱。

（二）矮脚顿地雷：为茂名的优良品种。假茎高 2.2～2.5 米，生长势强，一般每穗果重 15～20 公斤，个别高产者达 50 公斤，抗风、抗寒力较强，适应性强，广州附近栽培经济性状稳定。

（三）大种矮把：为东莞、中山等地良种，假茎高 2～2.5 米，每穗果重 15～20 公斤，抗风力较强，耐寒和耐旱力则较弱。

（四）齐尾：茂名良种，又名中脚顿地雷。植株高大，假茎约 3 米，每穗果重 20～30 公斤，但不耐瘠瘠，抗风、抗病、抗寒力较弱。

（五）矮香蕉：以湛江、海南较多，广州至潮汕一带亦有栽培。植株矮小，假茎高 1.5～1.7 米，果型稍小，果肉香甜。每穗果重 12～15 公斤，抗风、抗寒力较强，适合矮化密植栽培。

（六）高脚顿地雷：为茂名良种。植株高大，假茎高 3～4 米，下粗上细明显。果型大而长，每穗果重 30～35 公斤，高产者达 50 多公斤，对肥、水要求特别高，抗风、抗寒力弱，易患束顶病。

（七）油蕉：为东莞良种。分高把和矮把两个品系，前者高3.2米左右，后者高约2.5米，每穗果重15～20公斤，果实较短，果皮带腊质光泽。抗逆性较强。

（八）威廉斯：1985年由澳大利亚引入，植高2.2～2.4米，每穗果重20～30公斤，是外销品种之一。在广东新会、高州、揭阳等地种植效益良好。

（九）广东香蕉1号：省果树所1974年从高州矮蕉中选出。丰产、抗风好的新良种。

（十）广东香蕉2号：省果树所1982年从越南香蕉中选出。丰产、抗风、抗盐碱的新良种。

二、大蕉类：植株一般较高大健壮。假茎绿色。叶宽大而厚，深绿色。果实较粗大，果身直，棱角显著；果肉味甜带酸，无香气，偶有种子。抗风及适应性均较强，栽培分布比香蕉广泛些。

（一）大蕉：又名鼓槌蕉。植株高大强壮，假茎一般高3～4米。叶长而大。每穗果重20～35公斤，高产者达50多公斤，适应性强，广东北部低山地区也有栽培。抗风、抗寒和抗旱力强，病虫害少。

（二）灰蕉：又名粉大蕉。以新会、中山为多。树势壮健，假茎高3.2～3.5米。果形直，果皮披白粉，果肉柔软，乳白色，微甜有香气。每穗果重20～25公斤。

三、粉蕉类：植株一般较高而瘦，假茎淡黄绿色而有紫红色斑纹。叶狭长而薄，淡绿色。果身近圆形而微起棱，形较短小，成熟时果皮鲜黄色，薄而微韧，易开裂，果肉柔软、乳白色，甜而无酸，有香气，冬季成熟果偶有种子。

（一）粉蕉：又名糯米蕉。以新会、中山等地较多，假茎高4～5米，淡黄绿色。树势壮健。果实中等大小，两端渐尖，饱满；果皮薄，成熟时为淡黄色，易变黑；果肉乳白色，品质嫩滑，味清甜，具微香。每穗果重20～25公斤。耐寒、耐旱和抗风力比香蕉强，但比大蕉弱。

（二）龙牙蕉：又名过山香。以中山为主。假茎高3.5～4米，淡黄绿色、披白粉；叶片细长，叶背披蜡粉；果实圆筒形、微弯，成熟时果皮金黄色，易开裂，香气浓郁。每穗果重 15 ~ 18 公斤。耐寒性较强，但抗风、抗虫害力弱，果实不耐贮运。

第三节　香蕉的主要生物学特性及其适宜的环境条件

香蕉为多年生常绿性大型草本植物。香蕉具有多年生的地下茎，无主根。地下茎是一个粗大的球茎，其上着生一层层紧裹着的叶鞘而形成地上的假茎。假茎上部着生叶片，在植株生长后期才形成真茎。随着花芽的发育，真茎才逐渐向上伸长，将生长在真茎顶端的花蕾自假茎顶部伸出。

一、生物学特性

（一）根和球茎：香蕉的根系是由地下球茎所抽生的细长肉质垂直根和水平根。垂直根自地下球茎下部长出，数量有 3 ~ 5 条，向下垂直生长，若土壤疏松、地下水位低，可深入土层下 1.5 米以上，主要吸收土壤深层的水分和养分。水平根自球茎中上部周围长出，呈水平生长向外围扩张，数量很多，分布在表土下 0.5 ~ 0.6 米的土层中，是整株植株吸收水分和养分的主要部位，香蕉的根为肉质根，不形成木质，故质脆而易折断。球茎是蕉的重要器官，它除了长出根、叶、真茎、花果和吸芽外，又是贮存养分的"仓库"，球茎长得越大，贮藏养分亦越多，将来长出的蕉果穗数和果数也多，产量就越高。

（二）假茎和叶片：假茎草质，容易受强风吹折。香蕉由苗期起，当长至第 20 ~ 24 片叶时，花芽便开始形成，以后长出的叶，叶距逐渐变密，叶柄亦较短，密集排列在假茎顶部，称为"把头"。在叶片长出第 28 ~ 36 片叶后便抽出花蕾。如果绿叶数量越多，叶片又较大，果穗的梳数和果个数也多，产量也越高，蕉果发育快而较早成熟。

（三）花序和果实：香蕉花序顶生，由多数花苞合成心形，一般在吸芽生长 8 ~ 10 个月后自假茎顶端抽出。花序在长出初期向上，随着花序轴的伸长而向一侧下垂。开花时由最外一片花苞先开，其次也顺序逐日开放，花序轴亦同时往下伸长。一般在夏秋季每天开 1 ~ 2 个花苞，冬季则 2 ~ 3 天才开一花苞。每一花苞

内有小花 14 ~ 20 枚，排成两横列，开花后结成成段的果，称为
"梳"或"段"。香蕉的花分为雌花、中性花和雄性花三种。最先
开的 8 ~ 16 个花苞的为雌花，随后开的 3 ~ 5 个苞为中性花，以后
开的全是雄花。香蕉花序的雌花梳数及果数多少，早在花芽形成
时已成定局。所以一般在开花后至中性花出现 2 ~ 3 苞时便将花
蕾切除，称为"断蕾"，有利于壮大蕉果。由断蕾开始到蕉果发
育至可以采收，在夏秋经 65 ~ 100 天，冬春季要经 100 ~ 160 天。

（四）吸芽：香蕉植株每株只结果一次，在采果后便逐渐枯
死，由植株地下球茎分生的吸芽接替结果。由于食用蕉大多数没
有种子，所以利用其吸芽做种苗繁殖。一般的高型品种吸芽可繁
殖 5 ~ 6 株，矮型品种可繁殖 10 多株。现在，利用组织培养工厂
化育苗，将香蕉良种茎尖外殖体扩大培养，诱导出不定芽，再诱
导生根，形成试管苗，每年可培育出几万甚至几十万株良种苗。

二、对环境条件的要求

（一）温度：香蕉是热带果树，生育期要有较高的温度，才
能生长壮旺和开花结果良好。抽蕾后抗寒力弱，在 12 ℃ 时果实
就易受冻坏。冬季低温对香蕉是一个严重的威胁。

（二）水分：香蕉是草本植物，各部分含水量很多。香蕉在
整个生育期中，需要大量的水分供应。广东年降水量一般都在
1 800毫米以上，这对香蕉的生长是有利的。

（三）日照：香蕉属喜光植物，整个生长期需要充足的光照。
但阳光过于猛烈也不利，特别是在夏秋高温而阳光直射的 7 ~ 9
月，常会灼伤蕉果，尤以在土壤干旱情况下更易发生蕉果日烧
病。如能在蕉园里进行合理密植，使相邻植株彼此有一定的遮
阴，对香蕉的生长和结果是有利的。

（四）风：香蕉的假茎为草质，组织较疏松而容易折断，叶
大招风。因此 5 ~ 6 级风会撕裂叶片和折断叶柄，7 ~ 8 级台风可
吹折或吹倒植株。因此，风害是对香蕉生长构成的一个最严重
威胁。

第四节　香蕉的栽培技术要点

香蕉是不耐干旱和水浸，最怕强风和霜冻的果树。种香蕉要获得高产，必须做好选地建园、采用良种壮苗、合理密植、加强肥水管理、适时留芽和树体保护等工作。

一、选地建园：要土层较深厚、地下水位 50 厘米以上，排水灌溉方便和阳光充足的地方。种蕉之前要全面进行深翻 50 厘米以上。在丘陵坡地种蕉，要将园地筑成水平梯田，避免雨水冲刷造成土壤和肥料流失。

二、合理密植：选种适合本地区（如抗风、抗寒等方面）的良种，一般 2 ~ 4 月种下，苗壮要求头大尾小。

密度因品种植株高矮不同而不同。原则是：种植高型或中高型品种，株行距应较宽；矮型品种可较密；同一类型的香蕉，种在肥沃平地宜疏，种在较瘦的丘陵地则应稍密。一般密植距离以 2 ~ 2.7 米，每亩种 100 ~ 140 株的幅度较适宜。例如，高型品种在肥沃平原地区，株行距可用 2.4×2.7 米，每亩种 100 株；种在中等肥力的旱地，株行距可用 2.3×2.5 米，每亩种 115 株。矮型品种种在平地，株行距用 2.3×2.3 米，每亩种 126 株；种在丘陵坡地，株行距 2×2.3 米或 2.2×2.2 米，每亩种 140 株左右。

三、肥水管理：香蕉在 3 ~ 10 月的生长期中要求肥多水足，才能快生长、早抽蕾和多结果。5 ~ 8 月高温多雨期生长最旺盛，这段时间需肥水最多，肥水供应充足，每月可长出 4 ~ 5 片阔大叶片。香蕉由苗期起，当长至第 28 ~ 36 片叶后便可抽蕾开花。

（一）新植蕉园的施肥：肥料以氮钾为主，配合施用磷肥，在定植后蕉苗开始长出新叶时，3 ~ 4 月每月施肥二次，每 100 公斤人畜粪水加硫酸铵 0.5 ~ 0.75 公斤，每次每株施 8 ~ 10 公斤。5 月为香蕉进入迅速生长期，每株应重施花生麸 0.5 公斤、氯化钾 0.2 ~ 0.3 公斤（或草木灰 2.5 ~ 3 公斤）、过磷酸钙 0.3 公斤，粪水 15 ~ 20 公斤。6 ~ 7 月正是生长旺季，每月施 1 ~ 2 次肥，每次每株施硫酸铵 0.1 ~ 0.2 公斤，粪水 15 ~ 20 公斤。8 月为香蕉孕蕾期，为促进多形成雌花，应重施肥，每株施花生麸 0.3 ~ 0.5 公斤、氯化钾 0.2 ~ 0.25 公斤，粪水 15 ~ 20 公斤。9 ~ 10 月时已抽蕾结果的植株要再施肥一次，每株施硫酸铵 0.1 公斤，粪水 15 ~ 20 公斤。12 月中下旬施一次御寒肥，以腐熟堆肥或猪牛粪为主，每 100 公斤加入氯化钾 1 ~ 2 公斤，过磷酸钙 0.5 公斤，混合均匀后每株穴施 8 ~ 10 公斤。

（二）宿根蕉园的施肥：前一年或以前种下的蕉，带着根系越冬的，统称为宿根蕉，又称旧头蕉。

1. 单造蕉施肥：每年只要求收一造蕉的为单造蕉。一般每年施肥 5 ~ 6 次。第一次在 2 月立春至雨水期间，每株施硫酸铵 0.1 ~ 0.2 公斤、氯化钾 0.2 ~ 0.25 公斤、粪水 10 ~ 15 公斤，促使植株早生快长；第二次在 4 月谷雨前后，每株施花生麸 0.5 公斤、硫酸铵和氯化钾各 0.3 公斤，粪水 15 ~ 20 公斤；第三次在 5 ~ 6 月，每株施硫酸铵 0.25 ~ 0.3 公斤、过磷酸钙 0.3 公斤和粪水 25 公斤，促进形成花芽。第四次在 7 ~ 8 月抽蕾期，每株施硫酸铵 0.25 ~ 0.3 公斤、氯化钾 0.1 ~ 0.2 公斤，花生麸 0.3 公斤和粪水 20 ~ 25 公斤。第五次在 12 月冬至前后，每株穴施腐熟堆肥 10 ~ 15 公斤、草木灰 2.5 ~ 5 公斤和过磷酸钙 0.3 公斤作为御寒肥。每年 10 ~ 12 月可利用河泥、塘泥全园上泥一次，厚度约 2 ~ 3 厘米。

2. 多造蕉施肥：每年收蕉多于一造。施肥原则是每株蕉由留芽时起生长有 6 ~ 7 个月，就应施一次重肥。如 3 ~ 4 月留芽，当年 9 ~ 10 月重施一次肥；9 月留的芽，到明年 4 ~ 5 月就应重施厂一次肥。施肥量比单造蕉增加 30% ~ 40%。

四、留芽和除芽：留芽是香蕉栽培的重要技术措施之一。香蕉每株只结果一次，收果后假茎便自然枯死，由母株地下分生吸芽"接班"结果。栽培上一般只选留其中 1 ~ 2 个最合适的作为接班结果，其余的便要挖除，故称除芽。

五、灌溉和排水：由于香蕉以浅根为主，大部分水平根生长在表土 30 厘米处，在早春和秋冬季遇上干旱要定期进行灌溉。而遇雨季和低地一定要做好排水工作，避免积水焗死根。

六、中耕松土：春植蕉园的当年，结合除草进行中耕 4 ~ 5 次，初期中耕可深，后期中耕宜浅，以不伤根为度。宿根蕉园每年在 2 月中下旬新根生长前，要进行一次全园深耕，松土深度约 15 ~ 20 厘米，靠近植株 50 厘米的范围内要浅耕。

第五节　香蕉的病虫害防治

香蕉病虫害种类较少，但一些病害对香蕉生产造成极大危害。在南方蕉区发生普遍且危害较大的有香蕉束顶病、炭疽病、枯萎病、黑星病和三种叶斑病。已知对香蕉生产威胁较大的害虫主要有香蕉双带象虫、球茎象虫和弄蝶、交脉蚜等。

一、主要病害

1. 香蕉束顶病又名蕉公病，是一种病毒病害。此病最突出的症状，是新生叶片一片比一片狭短，叶硬直，成束长在一起，病株矮缩。病叶脆而易折断，叶脉、叶柄、假茎上有浓绿色条纹（即"青筋"是早期诊断最可靠的特征）。病株分蘖较多，根头红紫色，大部分根腐烂或变紫色、不发新根，植株不能开花结蕾。即便抽蕾后感病的能结实，但果少且小，肉脆无香味，果柄细长弯曲。一般发病率在 10% ~ 30%，严重的高达 50% ~ 80%。

防治方法：（1）严格选种无病苗是重要的防治措施。新蕉区不宜向病区引种；病区新辟蕉园要选用无病壮苗，防止病害传播和蔓延。（2）种植抗病品种。（3）发现病株及时挖除。挖除前，应先喷药杀死交脉蚜，以杜绝传播；挖病株应连根茎、根部和邻近吸芽全部挖除、深埋。（4）及时防治蚜虫，特别是交脉蚜。

2. 香蕉炭疽病为真菌性病害。主要是成熟或近成熟果实受害，但也危害花、根、假茎、地下球茎及果轴等部位。果实上多发生于近果肩处，初现黑色或黑褐色小圆斑，后扩大成大斑，2 ~ 3 天内全果变黑褐色，果肉腐烂。病部凹陷、龟裂、长出朱红色黏性小点；被害的果轴、果梗，同样长有黑褐色小斑，扩大后上有朱红色小点。

防治方法：（1）喷药保护，在结实初期开始喷药，每隔 10 ~ 15 天喷 1 次，连喷 2 ~ 3 次。可选用波尔多液、多菌灵、甲基托布津等，或采果后用特克多 45% 悬浮剂 1 000 ~ 1 250 倍液浸果 1 ~ 3 分钟，晾干装箱。（2）适时采果，果实成熟度达 75% ~ 80%

时最适宜，过熟易伤果感病。（3）贮运的库、室要消毒，可用5%福尔马林液喷洒或用硫磺熏蒸24小时。

3. 香蕉枯萎病是一种毁灭性的真菌病害，为国际检疫对象。外部症状：幼株感病后仅生长不良；成株在近抽蕾期，下部叶片及靠外的叶鞘呈现特异的黄色，绝大多数病叶迅速凋萎倒垂，变为褐色干枯，最终全株枯死；母株发病通常仍能长出新吸芽，且新吸芽受侵染后要到中后期才发病。内部症状：病株根茎的维管束变黄红色，后来大部分根变黑褐色而干枯。

防治方法：（1）实行检疫。（2）实行轮作。发病的蕉园可与甘蔗轮作，防病效果良好。（3）种植抗病品种，无病区选种无病的组培苗。（4）新植蕉园一旦发现病株，应立即以病株为中心，四周约10米或两株距的边缘为界，将界内的病株、健康株一起挖除并对病土进行消毒。界外土壤要撒施石灰或尿素杀菌。此外，要禁止工具、土肥、蕉苗等移至附近蕉园使用，防传播蔓延。

4. 香蕉黑星病为真菌性病害。主要是叶片和青果受害。叶片受害，在叶面、中脉上生有许多小黑粒，其周围呈淡黄色，后来叶片变黄凋萎。青果受害，多在果端弯背处的果面生许多小黑粒，后聚生成堆。果实成熟时，小黑粒堆的周围形成褐色斑块，后变成暗褐色或黑色，周缘呈淡褐色，中部组织腐烂下陷并有小黑粒突起。

防治方法：加强栽培管理，增施有机肥；注意蕉园卫生，经常清除病叶及病残物；做好护果工作，抽蕾挂果期用塑料薄膜套果或用干蕉叶包裹果穗，防病效果较好；喷药保护，可结合防治炭疽病，及时喷药。

5. 香蕉叶斑病常见的有褐缘灰斑病、灰纹病、煤纹病三种，均为真菌病害。其中以褐缘灰斑病危害最重，病株叶面积受害率一般为20%～40%，严重时达80%以上，造成大幅度减产（减产50%以上）。

防治方法：加强栽培管理，注意果园卫生；喷药防治，应在4、5、6月各喷1～2次波尔多液（加入0.2%豆粉或木薯粉或面粉），每亩用150～200公斤，也可喷托布津、多菌灵、百菌清等药剂或 25% 丙环唑乳油 26.6 毫升、兑水 75 公斤喷雾、间隔 21 ~ 28 天，或 40% 灭病威胶悬剂 800 倍液喷射。

二、主要虫害

1. 香蕉双带象虫、球茎象虫以幼虫蛀食假茎，蛀道纵横交错，被害假茎易为风折断、也可导致腐烂，整株枯死。

防治措施：注意蕉苗检验，防止带虫的蕉苗进入新区；在发生虫害的蕉园，冬季清理残株和割除枯鞘，集中烧毁以减少虫源；保护和利用天敌，如螳螂、阎魔虫；药剂保护，在蕉株叶柄间灌注敌敌畏 1 000 倍液或撒少量茶籽饼末，有杀虫功效。

2. 香蕉弄蝶又名蕉苞虫。幼虫吐丝将蕉叶卷结成叶苞，取食蕉叶。受害蕉园叶苞累累，蕉叶残缺不全，甚至只剩叶脉，香蕉生长受阻，产量降低。

防治措施：摘除虫苞，冬季清除枯叶残株；保护和利用天敌，如赤眼蜂（卵寄生蜂）和捕食性蜘蛛等；喷洒敌百虫 800 倍液毒杀初龄幼虫。

3. 香蕉交脉蚜多群聚于香蕉心叶基部吸食汁液，嫩叶的荫蔽处也有，能传播香蕉束顶病和花叶心腐病，对香蕉生产危害很大。

防治措施：发现病株时，应立即喷洒乐果 1 000 倍液，或使用鱼藤精、硫酸烟碱、拟除虫菊酯等农药，彻底消灭带毒蚜虫，然后挖除病株及其吸芽，以防扩散传播。在病毒发生严重地区，要全面喷药治蚜，重点喷心叶及嫩叶，防止蔓延。

第六节　香蕉的采收与贮藏

香蕉的采收可根据以下几点：一是果实的棱角变化，是测定成熟度最可靠而易行的方法。习惯上观察果穗中部位置的小果棱角状态，如明显高出，是七成以下成熟的饱满度；果身近于平满时为七成，圆满但尚见棱为八成，圆满无棱则九成以上。远销的果实，则七八成采收为宜，否则，过早黄熟造成损失。近销可在饱满度八成以上采收。二是根据断蕾的天数，如 5 ~ 6 月断蕾的，经 70 ~ 80 天达七至八成的饱满度。三是根据果肉和果皮比率，如果肉为果皮的 1.5 倍，即达七成以上，此时采收，适于远运。四是根据果实断面的比率，测定果实中部横断面的长短径比率，若达 75% 即达采收的最低标准。采收时要用刀砍，先割一片完整的蕉叶铺在地上，以备放果穗。高茎种要有两人协同操作，中型和矮型品种可由一人操作，砍下置于叶上。果轴长度约留 25 cm，截断其下的果实不整齐的末段，以便搬运。采收过程中要小心轻放，避免机械损伤，以免增加腐烂率。

香蕉的适宜贮藏温度为 11 ~ 13 ℃，相对湿度 85% ~ 90%，低温下易受冻害。若采用冷藏贮运，温度以 14 ℃ 左右为宜；常温贮运要随时通风换气，避免热气聚集，造成腐烂；塑料袋包装运输则在箱（筐）内置 0.05 毫米厚的塑料薄膜袋，同时袋内封入乙烯吸收剂和少量消石灰，可延长香蕉的绿熟期。

第九章 菠萝栽培

第一节 概 述

菠萝又称凤梨，是热带名果之一，也是华南四大名果之一。菠萝有特殊香味，果实品质优异，营养丰富，帮助人体对蛋白质的消化与吸收。在水果加工制罐之后，仍基本保持鲜果的色、香、味，故素有"罐头之王"的美誉。目前世界菠萝分布于南北纬30°以内地区，而以南北纬25°以内为多。

据分析，每 100 克菠萝果肉中含碳水化合物 9 克，蛋白质 0.4 克，维生素 C24 毫克，另外还有胡萝卜素、硫铵素、核黄素等维生素。菠萝汁液中的菠萝蛋白酶，能帮助蛋白质的消化，在医药上能治疗多种炎症、噎气等。

菠萝原产巴西、阿根廷及巴拉圭一带。世界上生产菠萝的国家和地区有 60 多个。主产国有泰国、美国、巴西、菲律宾、科特迪瓦、中国、马来西亚等。我国菠萝产地有台湾、广东、广西、福建以及云南等省（区）。全国 2007 年产量达到 144 万吨上下。广东省 2007 年菠萝栽培面积 2.68 万公顷，年产量 53.55 万吨。

菠萝是一种速生快长的草本热带果树，性喜温暖，忌霜冻，适于温暖湿润的气候、肥沃松软的土壤，忌瘦瘠黏硬以及积水的土壤。其生长适温为 24 ~ 27 ℃。14 ℃是菠萝生长正常的临界温度，在 10 ~ 14 ℃时生长缓慢；10 ℃以下生长即趋停止，5 ℃为菠萝受寒害的临界温度，1 ℃时叶片受害局部变枯，- 3 ℃时整株死亡；40 ℃高温，生长受抑制，嫩叶受灼伤，超过 43 ℃时，叶片大部干枯。

广东的主产区在湛江市，2007 年该市栽培面积 1.8 万公顷，年产量 45 万吨。另外揭阳、广州、潮州、惠州也较多。

第二节　菠萝的主要品种和分布

菠萝属凤梨科凤梨属的多年生常绿草本作物；全世界约有 60 多个品种，所有菠萝品种可归纳为三大类型：卡因类、皇后类和西班牙类：

一、品种类型

（一）卡因类：占世界栽培面积的绝大多数。植株强壮，较高大，叶片硬直较开张，多数叶缘无刺或仅先端有少许刺；果大，长筒形，方肩。果肉淡黄色，汁多，糖酸含量中等，香味稍淡；吸芽少，抽生较迟，着生部位较高。产量及加工利用率高。如无刺卡因。

（二）皇后类：植株长势中等，叶片较短，叶缘有刺，叶面中间有明显紫色彩带。果中等大，圆筒形或圆锥形。果肉金黄色至深黄色，汁较少，含糖量高，香味浓郁。吸芽较多。制罐较花工及利用率较低。如巴厘、神湾。

（三）西班牙类：植株高，叶片长而阔，稍薄而较柔软，多数品种叶缘有红色的刺，叶色黄绿，叶面两侧有红色彩带。果中等大，果肉淡黄或橙黄色，纤维较多，果汁少，香味浓，糖低酸高，风味较淡。如土种。

二、主要栽培品种

（一）无刺卡因：别名美国种、意大利种、千里花种等。原产南美洲圭亚那卡因市，目前世界菠萝种植面积 90% 是这个品种。植株高大，高 70～90 厘米；果大 1.5～3 公斤；叶槽中有一紫红色彩带，叶光滑无白粉。广州地区 8～9 月成熟。为晚熟种。要求肥水条件好，种后 12～14 个月结果。抗逆性较弱，不耐贮运，是世界主要制罐品种。

（二）巴厘：又名黄果。株型中等，高 70～80 厘米，适于密植。果重 0.8～1.5 公斤；果肉金黄色，鲜艳美观，果心小，纤维少，汁多，香气浓；6～7 月成熟，为早熟种。要求栽培条件较低，果较耐贮藏。广东省栽培较多，主要集中在雷州半岛，尤以徐闻、雷州市多。

（三）神湾：又称金山种。以广东中山市神湾区栽种而得名。植株较巴厘种矮小，半开张。叶片较窄、短、少，30 片左右，叶缘有利刺，叶背披厚白粉。果较小，果重 0.8 公斤左右，果肉橙黄或深黄色，肉质细致，硬而爽脆，纤维少，果心小，香气浓，糖、酸及维生素 C 均高，品质佳，耐贮运，为鲜食良种。当地 6 月下旬至 7 月上旬成熟，早熟种。但果小，产量较低。

（四）土种：又名本地种。植株高大，株高 90 厘米左右。叶长阔，叶缘波状起伏，有红色的刺，有些品系无刺。果实中等大，约 1～1.5 公斤；果肉橙黄至淡黄色，纤维多，汁少且酸，香味一般，品质较差。广州地区 8～9 月成熟，迟熟种。

第三节　　菠萝的主要生物学特性及其适宜的环境条件

菠萝是多年生单子叶常绿草本植物，株高约 1 米，茎肉质单生，叶剑状，果生于茎顶部，肉质聚花果。由于白花不孕，果内一般无种子。

一、生物学特性

（一）根：菠萝属须根系，根由茎节上的根点直接发生形成。根点先萌发成气生根，当气生根接触土壤后转变为地下根。吸芽的气生根若能早入土，就能加速生长，促进早结果、结大果。

菠萝的粗根和支根的根尖常共生着菌根，其菌丝体能够在土壤中吸收水分和养分，故能增强菠萝植株的耐旱性和吸收能力。所以，在新开荒地上常可用菠萝作为先锋作物。

菠萝根浅，地下根90%以上分布于离地面20厘米处和离茎干40厘米范围内，故菠萝适合密植。

菠萝根系对温度的反应敏感，最适宜的生长温度是29～31 ℃．在43 ℃以上及5 ℃以下，根停止生长，低于5 ℃持续一周，根即死亡。适当密植和进行地面覆盖对菠萝起到保护作用。

（二）茎：菠萝茎为白色肉质圆柱体，分为地上茎和地下茎两部分。地上茎顶部中央生长点分生叶的原始体和花的原始体，先分生叶片，至一定时期发育而形成花芽形成花序。定植时，茎的下部被埋在土中，以后长出地下根，形成地下茎。

（三）叶：菠萝叶螺旋排列于茎上，主要功能是进行光合作用，制造养分供给全株的生长和发育。叶对菠萝高产稳产有重要的作用。卡因品种可达60～80片叶，大株者甚至有100片；巴厘品种40～60片；土种30～40片；神湾30片左右。如卡因品种，果重1公斤，具有青叶30片，每增加3片叶，果重增加0.2公斤。

菠萝叶片忌低温霜冻。在广东气候条件下，6～8月定植后迅速生长；10月天气转凉，渐干旱，生长缓慢；1～2月低温干旱，生长几乎停止；3～4月回暖生长；7～9月高温多雨，生长迅速，每月可生叶4～5片，甚或7～8片。

（四）花与果：菠萝为头状花序，由肉质中轴周围的100～200朵小花聚生构成，花序从茎顶叶丛中抽出。菠萝果实是由肉质子房、花被苞片基部融合发育而成的聚花肉质果。果实开始发育至果实成熟约需120～180天。正造果（第一次花的果实），在广州地区2月下旬至3月中旬抽蕾，7月底至8月中成熟，占全年产量62%；二造果（第二次花的果实），4月底至5月底抽蕾，9月下旬至10月成熟，占全年产量25%，品质与正造果差不多；三造果（第三次花，又称翻花果），7月及以后抽蕾开花结果，10月以后成熟，亦有延至次年 1~2 月成熟的，占全年产量 13%，果较大，糖少酸多，香气差，纤维多，品质较差。

二、对环境条件的要求

（一）温度：菠萝在温暖而温差变化不大的条件下生长发育良好，生长适温为 24~27 ℃，－3 ℃时菠萝植株全株死亡。低温是限制菠萝北限分布的因子。

（二）水分：菠萝是具有耐旱性的作物，对雨量要求不甚严格。年降水量 500 毫米至热带雨林 2500 毫米都能正常生长发育。但雨水过多，土壤排水不良时，菠萝会因长时间积水而烂根。

（三）日照：菠萝原产于热带雨林地区，日照对其生长或结果都是一个重要因子。菠萝只有在充分光照条件下，产量才高，果皮色泽美观，品质佳。

（四）土壤：菠萝对土壤适应范围较广，在 pH5~6.5 的酸性或微酸性土上生长效果良好。

第四节　菠萝的栽培技术要点

一、选地开垦、搞好水土保持

菠萝喜暖忌寒。因此选取北有高山屏障，南为开阔平坦或有河流的山地，以及大水库周围坡地，坡度不要超过 10 度的地方为最好。如果坡度 10~20 度的，要开辟等高水平梯田，坡度 20~30 度要开等高行沟才能作园，超过 40 度者不宜开园。

开园要结合深翻改土。深翻、结合除杂草施有机质肥，为菠萝生长提供土层深厚疏松肥沃的土壤环境，使根系深生旺盛，植株强壮。一般应深翻 40~50 厘米。杂草是菠萝幼苗的大敌，必须从建园开始认真解决。

二、采用纯种壮苗，合理密植

改变过去每亩 800~1 500 株的疏植。卡因品种可亩植 3 000 株，巴厘、神湾品种每亩植 4 000~5 000 株。这对产量和果实品质均有所提高。

栽植时期，华南地区 4~9 月均可栽植。其中 8~9 月最好，因苗较充实，气温较高，雨水充足，适于菠萝生长，腐烂也较少。

栽种方式有单行栽、双行栽和多行栽。单行栽适用坡度大的果园，株距 35 厘米，行距 130 厘米或株距 30 厘米，行距 130 厘米；双行栽可适当增加株数，通风透光好，杂草减少，施肥方便等，一般大行距不小于 100 厘米，小行距及株距因品种而异，卡因种 40×30 厘米，巴厘品种 40×23 厘米。

三、施足基肥、足量适时追肥、干旱时灌水

全园深耕 20～30 厘米。沿小行距挖宽约 50～60 厘米、深约 30 厘米的种植沟，沟底要挖松 5～10 厘米，填上表土、绿肥、杂肥，每亩撒施 50 公斤石灰于绿肥上，再次填表土，又施上土杂肥，在土杂肥上撒施过磷酸钙 10～15 公斤，再复填表土。在种植沟上层每亩均匀撒上 2.5 公斤呋喃丹防治病虫害。一般每亩施绿肥、枝叶杂肥 1 000～2 000 公斤，每株约施猪牛粪肥、堆肥 0.5～1 公斤，每栽 2 500 株时，每亩需 1 250～2 500 公斤。

追肥方面要注意：

（一）攻苗壮株肥：菠萝苗 7～9 月秋植后主要是促进营养生长为主，9～11 月上旬生根，恢复生势，对营养需求量少，只需在开根后施一次硫酸铵或喷 1～2 次根外追肥即可。定植后第二次的 4～9 月，每月可长叶 4～6 片，很需要肥水，对根施肥要 2～3 次，加上根外追肥每月一次效果良好。

（二）花芽分化肥：各品种形成花芽先后从 11 月下旬到 12 月下旬，这段时间的营养好坏很重要。攻花芽肥要在形成花芽前一个月前施用是合适的。按每 1 000 株施硫酸铵 13 公斤、过磷酸钙 13 公斤，硫酸钾 6.5 公斤的量施用。

（三）壮蕾肥：2 月下旬至 3 月上旬施以含氮为主要肥，对恢复生长和花蕾抽生很有好处。

（四）攻果催芽肥：菠萝谢花后，转入果实迅速生长膨大期和芽叶抽生期。5 月上、中旬要及时补充低量到中量氮肥、高量钾肥。

四、覆盖培土、除草松土

覆盖能夏降土温，冬增土温，减少杂草，促进植株生长，提高产量和品质。除植物性渣、秆、糠等外，用黑色聚乙烯塑料薄

膜效果好，冬季可增土温 5 ~ 7 ℃。杂草是菠萝争肥水的大敌，要及时除去。

五、植物生长调节剂的应用

（一）催花

1. 电石催花：以 0.2 ~ 0.4 公斤电石粉加水 40 升浓度溶液，每株用 50 毫升注入茎顶丛叶窝内。处理后 27 ~ 50 天可抽蕾。

2. 乙烯利催花：以 250 ~ 500 pmm 浓度乙烯利溶液处理，每株丛叶窝注入 30 ~ 50 毫升，处理后 28 ~ 32 天现蕾，成功率可达 95%。

（二）壮果

1. 赤霉素处理：谢花后，以 50 ~ 100 ppm 赤霉素加 1% 尿素的溶液喷 2 次，单果平均可增长 100 克。

2. 萘乙酸处理：开花末期，以 500 ppm 萘乙酸溶液喷射，可增产 13%。

（三）催果熟

为了使果实成熟一致，便于收获。在果实成熟前 20 天，用乙烯利 1 500 ~ 2 000 ppm 溶液喷果效果良好。

六、束叶防冻

12 ~ 2 月有些地方降低到 5 ℃ 及以下时不利菠萝越冬。这些地方应在 12 月中旬左右，用稻草、杂草覆盖菠萝植株的顶部或把整株的叶片束起捆住，以保护内部叶片及心叶不受冻害。

第五节　菠萝的病虫害防治

菠萝病虫害种类不少，其中以黑腐病、心腐病、凋萎病、粉蚧等危害较大。

一、主要病害

1. 菠萝黑腐病为真菌性病害。此病在菠萝不同部位呈现的症状各异，主要有基腐、叶斑、黑腐。基腐常发生在刚定植的菠萝苗上，苗基部或心部呈黑色，有香味散出的腐烂。叶斑多是苗期及成株期的叶片呈现黑褐色、水渍状、生有灰白色霉层斑块，严重时叶片枯黄。黑腐多发生于成熟果实上，果面生暗色或暗褐色斑块，可扩展至全果，果实内部组织水渍状软腐，果心及周围变褐色腐烂，后期病果渗出大量汁液，组织崩解，散发出特殊的芳香味。

防治方法：选用壮苗，种植前，苗须经 2 ~ 3 天阴干然后晴天种；发现病苗及时挖除；加强栽培管理，防果园渍水；收获、贮运期问，要小心护果，避免果皮受伤，防病菌从伤口侵入；果实采收后，可选用 25% 多菌灵、70% 甲基托布津等可湿性粉剂 1 000 ~ 1 500 倍液浸果 1 分钟，或用特克多 1 000 ppm 浸果 5 分钟，晾干后贮运；或在果柄切口处涂 10% 安息酸酒精液预防感染。

2. 菠萝心腐病是一种真菌病害。主要发生在苗期，特别是刚定植的幼苗易受害，但也能危害成株。病株叶色渐变黄或红黄色，叶尖变褐干枯，心叶变黄白色且极易拔起，叶片基部呈淡褐色水渍状腐烂、后成奶酪状。潮湿时被害组织上有白色霉层，最后全株枯死。

防治方法：（1）多雨季节，尤其是种植后不久多雨，要特别注意排水。种植应选用壮苗，并经一定的干燥时期后才种植。（2）病区种植前要进行种苗处理。先剥去种苗基部几片叶，然后用 58% 瑞毒霉锰锌可湿性粉剂 800 倍液浸苗基部 10 ~ 15 分钟，倒置晾干后种植。（3）避免叶片基部受伤，中耕除草时要小心。（4）合理施肥，勿偏肥或过施氮肥。（5）刚发病时，选用 58% 瑞毒霉锰锌或 90% 乙磷铝 500 倍液或 64% 杀毒矾 600 倍液喷洒，防止病害蔓延。（6）病苗应及时拔除烧毁，病穴土壤用上述药剂进行消毒。

3. 菠萝凋萎病是热带和亚热带产区最重要的病害。基本症状是植株基部叶片先变黄而发红、皱缩失去光泽、叶缘内卷，后来叶尖干枯、叶片凋萎、植株生长停止。在发病中后期，根系大部分或全部腐烂，终至全株枯死。

防治方法：参考菠萝心腐病。

二、主要虫害

菠萝粉蚧主要是雌成虫和若虫群聚在菠萝根、茎、叶、果等处，刺吸汁液。被害叶轻则褪色变黄，重则软化凋萎。被害根变黑褐色腐烂，植株生长衰弱，甚至枯萎死亡。被害果轻者果皮无光泽、品质变劣，重者果实萎缩不能长大。此外，粉蚧的分泌物会诱发煤烟病，还能传播凋萎病。

防治措施：种苗处理，即定植前用乐果 500~800 倍液浸头 10 分钟，杀死隐藏在叶基部的粉蚧；粉蚧发生期喷松脂合剂（夏季 20 倍液、冬季 10 倍液）或用乐果乳剂淋浇基部叶鞘间；驱逐蚂蚁。

第六节　菠萝的采收与贮藏

菠萝的采收期因品种与栽培地区不同而异。目前用人工催花已可控制果熟期，延长鲜果及加工原料的供应期。一般自花蕾抽出后至采收，正造果约需 4~5 个月。菠萝果实成熟度可分为青熟、黄熟和过熟三个时期。（1）青熟期：果皮由青绿色变为黄绿色，白粉脱落现出光泽，果肉开始软化，肉色由白转为黄色，果汁渐多，成熟度达到 70%~80%。需加工和外运的果实，即可在此成熟度提前采运，运到目的地时已达黄熟期。（2）黄熟期：果实基部 2~3 层小果显黄色，果肉橙黄色、果汁多、糖分高、香味浓、风味最好，成熟度达到 90%，为鲜食的最适期。（3）过熟期：皮色金黄，果肉开始变色、汁液特多、糖分下降、香味变淡、开始有酒味，失去鲜食的价值。故采收过早、过迟则果实的风味差、品质不佳。采收时间以早上露水干后为宜。阴雨天不应采收，以免发生果腐病。采时用刀切取，保留 2 厘米长的果柄，小心轻放，避免机械伤，堆放时要能通风透气。采收后进行分级装运。

第十章　芒果栽培

第一节　芒果的主要品种和分布

芒果属漆树科芒果属植物，是热带地区五大著名果树之一。具有适应性强、速生、早结、寿命长、栽培易等优点。其果实美观，肉质细滑，香甜、营养价值高，果肉含糖 15% ~ 24%，每100 克果肉中含有维生素 C60 ~ 190 毫克和维生素 A、B。

果实除鲜食外，可制果干、果汁、蜜饯、凉果、果酱及酿酒等。种子可作药用、染用，也是道路和庭园绿化树种。

芒果原产亚洲的印度、马来西亚群岛等地。1 300 多年前引入我国。我国芒果的经济栽培地区有海南、广东、广西、云南、福建、台湾等省（区）。广东主产区是湛江、茂名、肇庆、惠州，东莞、中山、广州附近发展也较多。其主要栽培类型和品种如下所述。

芒果品种品系多达 1 000 多个，根据其形态特征可分为单胚类型（一颗种子可萌发出一株苗）和多胚类型（一颗种子可萌发出 2 株或 2 株以上株苗）。

一、两种类型的芒果

（一）单胚类型：从印度、巴基斯坦和缅甸等国引入的芒果多属此类型。果形通常较圆，肥厚，果多具有松香香味，种子单胚，如秋芒、蛋芒、柳州吕宋芒等。

（二）多胚类型：从越南、柬埔寨、菲律宾、印尼等地引入的芒果多属此类型。果形长且扁平，果肉芳香无异味。种子多胚。如泰国芒、紫花芒、鹰咀芒、象牙芒、吕宋芒、红花芒等。

二、适合广东栽培的品种

（一）泰国芒：又称青皮芒，原产泰国。多胚类型。树势中等，分枝多而直立。果肾形，单果重 0.25 公斤。果肉细滑、汁多，甜而有蜜味，纤维少，品质佳。较丰产、易裂果、不耐贮运。6～7 月成熟。

（二）紫花芒：广西从泰国芒中选出，适应性强，丰产。

（三）吕宋芒：又称蜜芒，原产菲律宾。多胚类型。树势中等，枝条短粗。果圆形，单果重 0.2～0.35 公斤。果肉橙黄色、细滑、有香味，品质佳。耐贮藏，花期遇雨则不稳产。6～7 月下旬成熟。

（四）象牙芒：原产泰国、缅甸。多胚类型。树势强壮，枝长而粗但较稀疏，分枝角度小。果形似象牙，单果重 0.2～0.7 公斤。果肉淡黄色、细嫩，纤维极少，有蜜味、香味浓、品质极佳。丰产，较耐低温阴雨，果实较耐运。7～8 月成熟。

（五）缅甸芒：又名香蕉芒，原产越南。多胚类型。树势强壮，枝条稀疏、粗壮、分枝较短。果长圆形，单果重 0.25～0.4 公斤。果肉深橙黄色，肉质细嫩，味甜、品质佳。大小年明显，成熟时易裂果。7 月下旬成熟。

（六）秋芒：又名印度 1 号，原产印度。单胚类型。树势较弱，树冠矮小，枝条下垂，分枝密集。单果重 0.25 公斤。肉质细滑，无纤维，味甜，有椰乳香味，品质好。8～9 月成熟。早产、丰产、稳产。但果实外形较差。

（七）东镇红芒：广东中山市从美国红芒的实生后代选育出来。多胚类型。树势强壮，发枝力强，分枝角度小、枝条粗壮。果肾状长椭圆形，单果重 0.5～0.75 公斤。果面向阳面玫瑰红色，艳丽，果肉橙色、细嫩多汁、无纤维，香味浓郁，核小、品质佳。6 月下旬至 7 月上旬成熟。

第二节　芒果的主要生物学特性及其适宜的环境条件

一、生物学特性

（一）根：芒果树是深根性，主根发达，实生树根深可达 8～10 米；嫁接树根较浅，树冠开张较早，2～3 年生可开花结果，比实生树提早一半年限开花结果。深耕改土、增施有机物可增加侧根和须根，有利树冠开张和形成花芽。

（二）枝干：芒果树是高大乔木，树高可达 4~6 米，寿命长达数百年。芒果干性较强，树干直立而粗壮，新梢由枝条顶芽和枝条上部的侧芽抽生，周年均可抽生，成年结果树多在采果后抽生 1~2 次梢。

（三）开花结果：芒果的花芽主要是顶花芽。芒果的新梢，不论是春、夏、秋梢，或是 10~11 月抽生的早冬梢老熟后，如不萌发新梢，均可成为结果母枝。一般秋梢多而齐，较多利用这次梢为结果母枝。

（四）芒果的花序，抽生时如遇低温阴雨会导致枯死，之后有可能再在近顶端的叶腋再抽生花序。芒果的花期很长，从萌发至谢花经 2~3 个月，而初花期至末花期约半个月至一个月以上。但不管两性花比例多或少，其座果率一般均偏低。因此，促进芒果授粉受精是增产的技术之一。

二、适宜的环境条件

（一）温度：芒果是热带果树、喜温，不耐霜寒，生长有效温度 15~35 ℃，枝梢生长最适宜温度为 24~29 ℃。以年平均气温 21~22 ℃、最冷月平均温度在 15 ℃以上的地区栽培最多，果品质量好。年平均温低、有效积温不高的地方栽植芒果，一来会开花遇寒冻花，果实品质也较差。

（二）水分：芒果耐湿、耐旱力较强。但以低雨量而有灌溉条件的地方最适合。如果雨季长，易使枝叶生长过旺，病虫多，果实品质差。芒果花期要求晴朗天气，这样有利昆虫活动，有助于授粉受精，而且可避免多湿感染炭疽病而烂花。

（三）日照：充足的阳光对芒果生长结果有利。开花期日照强，天气暖和适雨，可提高座果率。所以在塘边、山边种植的芒果因通风透光良好而结果多、病虫少。

（四）土壤：芒果对土壤适应性强。pH5.5~7 为宜。

第三节　芒果的栽培技术要点和病虫害防治

一、栽植

春植比秋植好，株行距约 55×5.5 米。注意授粉树配置，如选秋芒、象牙芒为主栽品种时，要适当搭配泰国芒、吕宋芒。

二、施肥

1. 幼树：以扩大树冠为主，以氮肥为主，每年 6～8 次。

2. 结果树：（1）基肥：在采果后至早春均可进行，以有机肥为主，结合氮、磷、钾，占全年施肥量80%。每株以有机肥50公斤、豆饼 1～1.5 公斤、氮、磷、钾肥各 0.3～0.5 公斤，50～60厘米深沟施。（2）壮花肥：在抽发花序及开花前施下。据树大小，每株 0.5～1 公斤尿素。（3）壮果肥：在夏梢抽发期间，根据结果情况，及时施入氮肥、钾肥 1～2 次，每次每株 0.5～1公斤。

三、树冠管理

1. 摘除花序：摘除顶花序可推迟花期 20～30 天，对结果有一定保证。在花序抽生长度未达 7 厘米时即应摘除。

2. 修剪：在结果数年后，树冠开始郁闭，下部枝低垂至地面，应在采果后进行一次修剪，除去病虫枝、疏去过密枝，实行开"天窗"以利通风透光。

四、病虫害防治

芒果的病虫害种类很多，危害较大的病害有炭疽病、白粉病、细菌性黑斑病、梢枯流胶病、疮痂病等。主要害虫有横纹尾夜蛾、扁喙叶蝉、剪叶象甲等。此外，还有脊胸天牛（参考橄榄害虫）、蚧类（参考柑橘害虫）、叶瘿蚊（参考荔枝害虫）。

（一）主要病害

1. 芒果炭疽病、疮痂病均为真菌病害。

（1）炭疽病与柑橘炭疽病菌相同。叶片、枝梢、花、果均可受害，引起叶斑、茎斑、花疫、果实粗皮且有污斑和腐烂等症状。

（2）疮痂病主要是嫩叶、新梢、花、果等多汁器官受害。叶片被害，形成灰色至紫褐色病斑，组织木栓化，重者扭曲畸形；新梢与叶片相似，但严重者变黑枯死，落花严重不能结实；果实（多为幼果）呈现灰褐色病斑，其中间组织粗糙、木栓化，重者则大部分果皮变粗糙、灰褐色病斑连成一片。

上述二种病害的防治方法：除选用抗病品种、加强栽培管理、冬季清园、检疫外，重点是要适时喷药保护。炭疽病一般在盛花期，花开放 2/3 时喷药为宜，连喷 3～5 次，每次隔 10～15天；疮痂病在圆锥花序抽生后开始喷药，约 7～10 天喷 1 次，座果后隔 3～4 周喷 1 次。药剂可选用多菌灵、波尔多液、50% 灭菌丹可湿性粉剂 500 倍液、70% 代森锰锌可湿性粉剂 500 倍液、50% 氯硝胺可湿性粉剂 1 000 倍液、50% 福美双可湿性粉剂500～800 倍液或甲基托布津、百菌清等。果实采后用 52%～55%的苯来特或多菌灵 2 000 倍液处理果实 15 分钟，能较好防治贮运期的炭疽病，或用 45% 特克多悬浮剂 400～1 000 倍液浸果。

2. 芒果细菌性黑斑病是一种细菌病害。主要危害叶片、叶柄、果实、果柄及嫩梢。叶片受害，形成周围有黄晕的多角形病斑；叶柄、叶脉被害则局部变黑裂开，造成大量落叶；果实受害，最终形成黑褐色病斑、中央常纵裂流出胶液，果面常形成条状微黏的污斑，病果终腐烂。

防治方法：冬季彻底清除枯枝落叶，集中烧毁；适时喷药保护，在台风暴雨前后喷洒波尔多液，在 3 月份春梢期开始连喷3～5 次药，每次间隔 15 天。可选用药剂有农用链霉素 4 000～5 000 倍液或 30% DT 杀菌剂 500 倍液或甲基托布津与氧氯化铜混用。

3. 芒果梢枯流胶病是一种真菌病害，与柑橘流胶病菌相同。主干或枝梢发病后，皮层坏死呈溃疡状，初流白色后转为褐色树胶，病斑以上枝梢枯萎，在病斑上生有黑色小粒点。

防治方法：加强栽培管理；及时防治天牛类，减少虫伤；树干、主枝伤口用 1% 波尔多液涂刷保护；剪除枯枝病枝，然后用波尔多液或托布津（加牛粪成浆状）涂封伤口；可结合炭疽病、疮痂病进行药剂防治。花期喷硫磺粉和氧氯化铜或任何一种含铜杀菌剂的混合粉剂。幼果期喷 1% 波尔多液，连喷 2～3 次，每次隔 10～14 天。

（二）主要虫害

1. 芒果横纹尾夜蛾幼虫蛀食嫩梢及花序主轴。嫩梢被害造成新梢枯死，严重影响树体正常的营养生长；花序被害轻则引起花序顶部丛生，重则花序全部枯死。

防治措施：合理施肥和排灌水，促使抽梢整齐；在树干上绑扎草把诱集老熟幼虫上树化蛹，定期将草把取下烧毁；在新梢抽出 3 ~ 5 厘米时，喷洒 90% 敌百虫加 25% 杀虫双各 800 倍液或 50% 稻丰散乳油 800 ~ 1 000 倍液等，每隔 7 ~ 10 天喷 1 次，一个梢期喷 2 ~ 3 次。

2. 芒果扁喙叶蝉成虫、若虫常群集危害芒果树的嫩梢、幼叶、花序及幼果。但主要以若虫刺吸花序和嫩梢汁液，使其萎缩枯死，并分泌蜜露引起煤烟病，影响长势及果实的品质。

防治措施：在一个果园内种植相同品种；在花期和幼果期选用乐果或马拉硫磷、叶蝉散或 25% 叶飞散乳油 1 000 倍液、或 2.5% 敌杀死 2 000 倍液等喷洒树冠，连喷 2 ~ 3 次，每次隔 7 ~ 10 天。

3. 芒果剪叶象甲主要以成虫群集体危害叶片，成虫啃食嫩叶的上表皮留下下表皮，使叶片卷缩干枯；雌成虫在嫩叶上产卵，然后在近基部横向剪断，留下刀剪状的叶基部，严重影响植株的生长。

防治措施：收集被切断落下的带卵残叶，集中烧毁；保护天敌寄生蜂和蚂蚁；必要时喷洒乐果、敌杀死等，效果均佳，只需喷 10 厘米长的嫩梢而不用全株喷药。

第四节　芒果的采收与贮藏

芒果成熟期随品种、地区、气候、栽培管理而有不同，同一品种同一地区在不同年份由于开花期与气候条件的变化也有差异。芒果多作鲜果供应，远销国内外，要求采收适时，采收的果实既有良好的外观与风味又耐贮藏。判断果实成熟的方法有：（1）根据果实外观，当达原品种大小、两肩浑圆、果实颜色由浓变淡，果点或花纹明显时，果实已基本成熟。（2）当一树有自然成熟果掉下来时，即可采收。（3）切开果实，种壳已变硬、果肉已由白变黄，果实基本成熟。（4）比重法，将果实放入水中，下沉或半下沉时即可采收。一般作鲜果就地供应的，要求在 90% 左右成熟度采收；远销果在 70% ~ 80% 成熟度时采收；罐头加工原料要求在80%～90%成熟度采收。采收要用果剪逐个采下，不碰伤果面，轻拿轻放，严禁摇树打果，采时保留3～5厘米长的果柄，可防止污染及引起腐烂。采下的果实应妥善及时装运。

芒果的贮藏温度一般为12.8℃，相对湿度为85%～90%，在此条件下能保藏2～3周。常用的贮藏方法有：（1）蜡浸和聚乙烯薄膜单果包装贮藏：采用聚乙烯薄膜单果包装和用3%的鲜蜡浸液处理果实，能贮藏10～11天。（2）减压贮藏：芒果在温度13℃、相对湿度98%～100%和0.1～0.2标准大气压下，可贮藏3周，比常压下贮藏的果实有更高的合格率，软化推迟、腐烂减少、无萎缩现象。

第十一章　板栗栽培

第一节　板栗的主要品种和分布

板栗属壳斗科栗属的木本粮食作物。中国板栗原产我国，是我国果树栽培最早的经济树种之一。板栗果实营养丰富，含淀粉达40%～60%，含糖10%～20%，含蛋白质7%，含脂肪3%～6%，并含有维生素A、B、C等。鲜果和栗干在国内外市场均受到欢迎。栗树粗生易长，对土壤和气候适应性很强，因此我国北方、南方广泛分布。河北、山东较多，但湖南、湖北也不少。广东栽培面积约40万亩，主要分布在河源、阳山、封开、南雄、广州等地。

广东的主要品种：

一、封开油栗：9月下旬成熟。单果重15克，果肉蛋黄色，有香气。每100克种仁含淀粉54克、糖24克、粗蛋白约10克。适应性强，种仁质优，耐贮藏。

二、河源油栗：9月下旬成熟。单果重14克，果肉蛋黄色，肉质细嫩香甜。每 100 克种仁含淀粉 40 克、糖 18 克、粗蛋白 6.5 克。适应性强，高产、优质、能耐旱耐寒。

三、韶栗 18 号：9 月上旬成熟。单果重 11 克，果肉乳黄色，质地细腻，味香甜，熟后质糯性，品质上等。每 100 克种仁含淀粉 60 克、糖 22 克、粗蛋白 8 克。适应性强、高产、优质，是早熟良种。主产韶关。

四、农大 1 号：从阳山油栗辐射诱变培育而成。8 月下旬成熟。单果重 10 ~ 13 克，肉质细嫩甜香。矮化、早果、丰产、早熟。值得推广种植。

五、萝岗油栗：10 月中旬成熟。单果重 10 克，肉呈淡黄色，品质好。适应性强，以广州地区为主产地。

第二节 板栗的主要生物学特性及其适宜的环境条件

一、生物学特性

板栗为高大落叶乔木，树冠圆头形，树高可达 20 米左右，寿命可达数百年。嫁接苗 3 ~ 4 年即可结果，但实生树要 10 年左右才开始结果。

（一）根系：栗树为深根性果树，主根可深达 4 米，大部分细根分布在表土 0.5 ~ 1.6 米范围内。

栗树根最怕伤害，伤口难愈合，发新根能力也弱，故避免伤根过多。栗树常与外菌根共生，促进根养分水分的吸收。接种菌根和施有机肥是栗树增产的有效措施。

（二）枝条：定植后 1 ~ 2 年枝梢生长缓慢，约长 30 ~ 40 厘米。第 3 年起，枝梢生长旺盛，每年能生长 60 ~ 100 厘米，一年中以 4 ~ 5 月生长最快。枝条分为营养枝、结果母枝、结果枝和雄花枝等四种。

营养枝：着生于一年生枝中、上部的枝条。如果充实壮健，芽眼饱满，是主要枝条，是次年的良好结果母枝。但如果纤细瘦弱的枝，生长细弱易枯、浪费营养，可剪掉。徒长性的枝条枝长节间长，不充实，可作内膛和衰老树的更新枝组。

结果母枝：是枝上着生雌花芽能抽出结果枝的枝条。生长中等，一般长约 30 厘米以下的结果母枝，在枝条顶芽以下 2 ~ 6 个芽都可以萌发结果枝。

结果枝：当年结果的枝条。春季在发育充实的结果母枝先端抽生，枝上着生有雌花簇与雄花序构成的混合花序，雌花着生于花序基部。

雄花枝：花枝上只有雄花序而无雌花。雄花枝一般较纤弱，发生于弱枝或结果母枝的中下部，其弱者应及早剪除，以免浪费养分。

（三）花与果：栗树为雌雄异花同株。雄花多，花粉多，开花消耗养分很多，为了减少树体养分的浪费，应当在开花前剪除一部分雄花芽。

板栗为异花授粉植物，同株花粉的结实率很低，应配置授粉树。栗为风媒花，虽花粉量多，但花粉常聚成团，传播距离一般只 20 米左右，因此授粉品种不要栽培得太远。栗树授粉受精不良易形成"空苞"，即雌花开后只留下一个带刺的外壳，而苞内没有种子（坚果）。

二、适宜的环境条件

（一）气候因子：板栗喜光，开花期要光照充足，空气适度于爽，故要栽在阳坡为宜。

虽然板栗适应性强，但以冬季温度较低，日照充足，降雨量较少的地区较为适宜。冬季低温不足，次年春季萌发推迟，不利于正常生长和开花结果。所以，广东板栗栽培以北回归线以北为宜。

（二）土壤：板栗对土壤要求不严。但以土层深厚、富含有机质、排水良好的砂质或黏质壤土为宜。pH 值为 5.5 ~ 6.5 最好。

第三节　板栗的栽培技术要点和病虫害防治

一、栽植

秋植在落叶后进行，春植以立春前约半个月为佳。

栽培密度：适当密植是板栗增产的重要措施之一，平地每亩约植 20 株，坡度大的可每亩种 27 株。

要深耕施有机肥；要配置授粉树。

二、施肥

（一）花前肥：2~3月施入，促新梢生长，花蕾壮健。以速效性氮肥为主，每株施入人粪尿50~100公斤或硫酸铵0.5~1公斤，硫酸钾、过磷酸钙各0.1~0.2公斤。

（二）壮果肥：6~7月施入，促进果实饱满，幼树可供新梢继续生长。每株施入人粪尿50~100公斤或硫酸铵0.5~1公斤，过磷酸钙1~2公斤，硫酸钾0.5~1公斤。如天气干旱，施肥后结合灌水。

（三）采果肥：9~10月结果栗园的全面中耕松土和清园工作，施入堆肥、厩肥、绿肥等100~150公斤，人粪尿50~100公斤，过磷酸钙0.5公斤。

三、整形修剪

板栗为高大的喜光果树，任其自然生长，容易出现结果部位外移，外围枝过多过密，内膛光照就差，大枝光秃，产量必然不高。所以，从幼树开始要整好形，一般在主干离地约60~70厘米处，剪去树干上部，促使树干分枝，然后选取适当部位的分枝3~4条作主枝。树形就成为自然开心形，有利光照透入树冠。

结果树需要进行较细致的修剪，一般于发芽前进行，也可在夏季摘心。

1. 营养枝的修剪：长而生势强的枝条宜在基部留2~3个芽，其余部分剪除，使抽出强壮的结果母枝。短而生势不强的可不剪而任其生长。不能利用的徒长枝、弱枝、过密枝、枯枝等从基部剪去。

2. 结果母枝的修剪：树冠外围生长健壮的一年生枝，大多为优良结果母枝，应保留；但结果母枝过密，则疏除其中较弱的枝；但过旺的结果母枝应在其下方另选留1~2枝，剪去上一段枝，培养为次年的结果母枝。

3. 结果枝的修剪：去年结过果的枝条，一般今年不能再结果，可将生长弱的从基部剪除，生长强壮者留基部2~3个芽，其余部分剪去。

4. 枝组的修剪：枝组为多年结果后，生长趋于衰弱，结果能力显著下降，应回缩修剪复壮。

四、高接换种

实生板栗结果迟，早期产量低，品质变异大，加上粗放栽培，病虫害多，为了提早结果获得经济效益，要高接换种，用良种树枝条作接穗，选分布均匀的 5～6 条主枝，主枝一般粗 2～4 厘米，于离分枝处 30～40 厘米处锯断进行嫁接。嫁接最好在 2 月下旬至 3 月中、下旬进行，10 月的秋接效果较差。

五、病虫害防治

板栗的病虫害种类较多，主要病害有板栗干枯病、白粉病、锈病、炭疽病等。在华南地区常见的板栗害虫有栗瘿蜂、一点蝠蛾等，此外，栗实蛾、栗实象甲、蚜虫类、蚧类、天牛类等也危害较重（参考其他果树害虫）。

（一）主要病害

1. 板栗干枯病　又称栗胴枯病，为真菌性病害，分布最广，危害最重。主要危害树干和枝条。病菌多从伤口侵入，初现稍凹陷的红褐斑，后扩展，树皮表面凸起呈泡状、松软，皮层内部腐烂、流出汁液具酒味，后期病部略肿大成纺锤形，树皮开裂或脱落，影响生长，重者枯死。

防治方法：（1）加强肥水管理，增强树势。（2）剪除病枝，清除侵染源。（3）苗木要检疫，防止病菌传入新区。（4）避免人畜损伤树皮，减少伤口。（5）冬季树干涂白保护。（6）选种抗病品种，培育无病良种壮苗。（7）于 4 月上旬和 6 月上、中旬，刮去病斑树皮，各涂 1 次碳酸钠 10 倍液，治愈率可达 96%；也可涂刷多菌灵、托布津、代森锌或石硫合剂等。

2. 板栗白粉病　为真菌性病害。主要危害叶片，有时新梢和幼芽也受害。被害株的嫩芽叶卷曲、发黄枯焦、脱落。叶面初现黄斑，随后叶背叶面有白色粉状霉层。

防治方法：冬季清除落叶，剪除病枝并烧毁；加强栽培管理，如冬季全园深翻；苗圃要设在通风透光处，苗木株距不宜过密，高床深沟利排水；发病期间喷石硫合剂，速保利 12.5% 可湿性粉剂或退菌特等，连喷 2～3 次，每次隔 7～10 天。

（二）主要虫害

1. 栗瘿蜂 也称栗瘤蜂，幼虫在芽内蛀食，膨大成瘤瘿，不能抽发新梢，严重时使枝条枯死，甚至全株枯死，影响当年和次年的生长和结果。

防治措施：（1）冬季剪除纤弱枝、病虫枝并烧毁。（2）利用天敌，如跳小蜂、栗瘿长尾小蜂等。（3）在成虫羽化出瘿前后（6~7月）喷氧化乐果、对硫磷、敌敌畏乳油或50%杀螟松乳油1 000倍液等连喷2次。或于4月上旬对树枝干涂刷40%氧化乐果。

2. 板栗一点蝠蛾 主要以幼虫钻蛀树木枝干的韧皮部和髓部，并将木屑和虫粪送出，粘于吐的丝网上形成囊状虫苞。虫道直且短，夜间常爬出咬食皮层，导致栗树死或风折。

防治措施：利用幼虫蛀道直而短的特点，用钢丝钩杀；招引益鸟，保护天敌；用敌敌畏、杀螟松或2.5%溴氰菊酯乳油5 000倍液注洞再封以黏土，可毒杀幼虫。果农曾以黏土塞入洞口，也可使幼虫窒息而死。

第四节　板栗的采收与贮藏

板栗果实成熟期因品种和风土条件不同而有差异。应以总苞由绿转黄褐色，并有30% ~40%总苞顶端已微呈十字开裂时为采收适期。过早采收易腐烂不耐贮藏，过迟则坚果脱落而造成损失。一般宜选晴天采收，目前大部分产区多采用竹竿打落总苞或用采果钩钩落总苞。如用竹竿打落总苞，须由内向外顺枝打，以免伤及树枝和花芽，影响来年的产量。采收后，总苞应放于阴凉通风处，堆的高度不宜超过1米，以免发热腐烂；经3~5天后，总苞自行开裂，然后用木齿把捶开总苞或用机械分离栗子与总苞，收集待藏或包装运输。

栗子采收后，因南方温度高，极易腐烂。故采收后应迅速摊晾、消毒（二硫化碳熏蒸法）、散热、包装栗子。远途运输可用竹箩塑料膜袋或用湿度约为50% ~55%锯屑，与栗子交互层放在木箱中（木箱间留适当距离利通风）。在常温下效果良好，冷藏效果更佳。如用上述湿度的锯屑混合栗子放于小型塑料薄膜袋内，袋口不要完全扎紧，留出通风的间隙，然后放入木箱内。每周开袋口检查、通气，在常温下贮放2~3个月，效果极好。此外，栗子贮藏方法还有：（1）沙藏。在阴凉室内铺厚10厘米的湿沙（手握成团、手放散开为度），然后1层栗子1层湿沙堆藏。最上覆盖10厘米以上的沙层，堆高不超过1米。（2）冷藏。用麻包袋装好，贮藏于1~4℃、相对湿度90%~95%的冷库中，定期检查捡出烂果，可常年贮藏。（3）稀醋酸浸洗贮藏。用1%醋酸液浸栗子1分钟，沥干后装入底垫松针叶的竹箩内，上盖塑料膜，每月浸洗4次，贮藏142天好果率可达94%。

第十二章　柿树栽培

第一节　柿树的主要品种和分布

柿为柿树科、柿属，为我国特产果树，国外栽培很少。柿果柔软或松脆甘美多汁，营养丰富，每100克可食部分含糖11克，热量48千卡，粗纤维3.1克，无机盐2.9克。此外，所含的胡萝卜素、维生素C及钙、磷、铁等矿物质都胜过苹果、梨、桃、杏等果品。柿树栽培容易，产量较高，适应性强，耐寒、耐热、耐旱、耐瘠，除极干寒地区外，南北各地都有栽培、分布。其中陕西、山西、河南、河北、山东栽培最多，约占全国产量的70%左右。广东主要分布在汕头、惠阳、佛山、湛江、广州等地。

广东的主要品种：

一、大红柿：8月下旬至10月采收。单果重180~300克，果肉橙红色，肉质柔软、甘甜，无核或少核，含可溶性固形物14.0%、糖11.7%、酸0.2%，可食率89%，适应性强，品质上等。如主产潮州的潮州大红柿。

　　二、牛心柿：9月采收，单果重180克左右，果肉红色、肉厚、汁多味甜，无核或少核，品质上等，适应性强，山地、丘陵、台地或石灰岩山地均可栽培。如广州市郊牛心柿。

　　三、水柿：8～9月采收，果实采后需经脱涩。单果重100克左右，圆形略扁，皮色黄，肉橙黄色，肉质脆硬，少核或无核，耐贮运，是出口的品种之一。

　　四、封开无核柿：10月份采收，单果重180～200克，牛心形，果肉橙色，肉质松脆，含可溶性固形物16.0%、糖12.9%、酸0.2%，可食率97%，味甜，品质好，抗性强，产量高。

第二节　柿树的主要生物学特性及其适宜的环境条件

一、生物学特性

　　柿树生长强盛，有中心干，树高大。嫁接苗3～4年开始结果，10年渐入盛果期，15年后生长衰弱，20年后大枝有更新现象，更新容易且次数多，因而柿树寿命较长。

　　（一）根系：柿树为深根性，主根可深达3～4米，离地面30厘米内须根密度大，可形成网状根系。柿树根系断伤后难愈合，移植时应避免伤根太多。柿树具多量外生菌根，因此要保持土壤通气良好，增强对水分养分的吸收能力。

　　（二）枝条：柿的新梢是从基枝先端附近的芽萌发而成。幼、壮树每年抽发新梢2～3次，结果树1～2次。结果树以抽发春梢为主，当年新梢充实，能成为结果母枝。从母枝混合芽抽出的结果枝以长33厘米，具8～10片叶，花蕾着生于第3～7节者为最好。

　　结果枝结果后，当年只能形成叶芽，次年形成结果母枝。为了克服大小年现象，每年必须保留结果枝和发育枝两种枝条。

　　（三）花与果：柿树依花性的不同可分为雌株、雌雄同株、雄株三种类型，雌株只开雌花，雌雄株可开雌花和雄花，雄株只开雄花，栽培品种多属于雌株类型。在树冠中，以中部枝结果最多，下部枝次之，顶部枝最少。在同一结果枝上，先开的花果实大，后开的花果实小，因此疏花疏果的时候应保留早花果。

二、适宜的环境条件

（一）气候因子：柿树喜光，阳光充足有利于果实发育，产量高，品质好。柿树喜温暖环境，开花期要求平均温度 17 ℃以上，果实发育以 27 ℃为适宜，采收前如日夜温差大，则果肉品质好，着色也好。开花结果期如遇阴天多雨，易引起落花落果。

（二）土壤：柿树栽培以中性土为好，只要排水良好，土层深厚肥沃，均可种植柿树。pH 值以 6.0～7.5 生长结果最好。

第三节　柿树的栽培技术要点与病虫害防治

一、栽植

柿树多数以冬植、早春植为主，广东一般在大寒至立春间种植。

栽培密度：柿树喜光，栽培不能过密，山地种植株行距 5×6 米，平地 6×7 米，一般亩栽 22 株左右。

无核柿不必配植授粉树，有核柿可按 8:1 配植授粉树，可提高结实率。

二、施肥

施肥是柿树丰产、克服大小年结果的关键措施。结果树每年可施肥 3 次。

（一）基肥：12 月～2 月施入，约占全年施肥量的 60%，有利于促春梢生长和开花结果。每株施入人粪尿 100 公斤，或腐熟麸饼肥 1.5～2.5 公斤。

（二）壮果肥：开花后 6 月份施入，肥量占全年的 20%，以多施钾肥及人粪尿等速效性肥为主，有利于果实的发育。

（三）采后肥：采果后 9～10 月份施入，占全年施肥量的 20%，每株施有机迟效肥或土杂肥 50～100 公斤，培塘泥 200～250 公斤，以恢复树势和防止露根。

三、整形修剪

柿为高大乔木，树龄长久，树冠高大，必须依品种特性进行修剪。一般来说，对于干性强、顶端优势明显、分枝少、树姿直立的品种以主于疏层整形为主；对于性弱、顶端优势不明显、分枝多的品种以自然开心形或自然半园头形整形。

柿树的修剪，以冬季修剪为主，在广东冬季修剪多在 12 月至 1 月进行。

1. 冬季修剪：冬剪时，对当年抽出的春梢或夏梢，多能形成结果母枝的，基本上不短截。如当年结过果的结果枝，当年不能形成花芽的，可留基部 2 ~ 3 个芽短截更新。过长枝可适当短截，抽出更新枝，使结果部位不致外移，衰老枝要回缩到新生枝处。

柿树强枝结果率高，弱枝结果率低，去弱留强，疏除过弱、过密、位置不当枝条，或枯枝、病虫枝。柿树上的寄生植物也应彻底清除。

2. 夏季修剪：夏季可除去过多嫩枝，需留的徒长枝可留下 20 ~ 30 厘米，摘心促其分枝。

四、保果

柿树易落果，通常在 10% ~ 50%，所以要采取措施保果。

（一）人工授粉：根据开花期，可分 3 ~ 4 次进行，特别在不利于昆虫传粉时，人工授粉意义更大。

（二）疏果：6 月下旬至 7 月，可分 1 ~ 2 次进行，一般一条结果枝上只留 1 ~ 3 个果，叶果比为 15 ~ 20:1，即 15 ~ 20 片叶维持 1 个果；一条结果母枝上只留一条结果枝。

五、病虫害防治

柿树病虫害较少，但一些病害对柿生产造成极大危害。主要有柿角斑病、圆斑病、炭疽病等。在南方常见的柿害虫有柿蒂虫、毛虫、柿梢鹰夜蛾、柿绒蚧等。

（一）主要病害

1. 角斑病　是一种真菌性病害。主要危害叶片和果蒂。叶片被害，叶面初现黄绿色晕斑、叶脉变褐，最后形成深褐色、边缘黑色、有小黑点的多角形病斑。果蒂染病，发生在蒂的四角，由蒂尖向内扩展，形成褐色至深褐色、两面均有小黑点的病斑。果实脱落后，大多数果蒂不脱落，仍留在树上。常造成早期落叶落果，并诱发柿疯病。

防治方法：冬季落叶后至春季萌芽前，结合修剪，剪除病枯枝和残留的柿蒂，可基本消除危害；在发病期间（6 ~ 7 月）喷射波尔多液 1~2 次，或 65% 代森锌 800 倍液 1~2 次，可收到良好效果。

2. 圆斑病　为真菌性病害。主要危害叶片，也危害柿蒂。叶片受害，叶面生大量深褐色、中心浅、外围黑色的圆形小斑。在病叶变红过程中，病斑周围出现黄绿色晕环。后期在病斑背面有黑色小粒点，叶干枯早落。柿蒂上也发生圆形褐色病斑，但发生较晚且病斑小。

防治方法：参考柿角斑病，柿树落花后喷 65% 代森锌 500 倍液或波尔多液进行保护。

（二）主要虫害

1. 柿蒂虫　又称柿实蛾，以幼虫钻食果实，致使幼果干枯，大果早期发红、变软、脱落，无法食用，危害严重的能造成大量减产。

防治措施：　（1）冬季清除树于老粗皮，消灭越冬幼虫。（2）8 月初在刮过粗皮的树干上束草诱杀越冬幼虫。（3）及时摘除被害果。（4）在成虫羽化盛期和卵孵化盛期分别喷敌百虫、敌敌畏或马拉硫磷乳剂，以毒杀成虫和幼虫。

2. 柿毛虫　又名舞毒蛾，食性杂，除危害柿外，也能危害板栗、桃等。幼虫咬食叶片，遇惊吐丝下垂，借风能作较远距离传播，造成树势衰弱，影响产量。

防治措施：秋冬或早春刮除卵块；幼虫盛发期，用石板诱集幼虫并消灭掉；成虫羽化期在树干和石缝处捕杀成虫和卵块；喷洒敌敌畏乳油。

3. 柿绒蚧　主要危害嫩枝嫩叶以及果实。11 月以后，在枝条基部、树干皮缝、树孔和果柄基部等处越冬。

防治措施：参考柑橘蚧类。

第四节　柿子的采收与贮藏

柿子的采收期依气候、品种、用途、市场远近和供应情况而不同。供制柿漆用，在果面绿色尚浓而果实已相当肥大时采收，则柿漆多而质量好。供醋柿用，宜在果实已达应有的大小、皮色转黄、种子呈褐色时采收，一般在 9 月下旬至 11 月。供烘柿用，宜待其在树上黄色减退，充分转为红色即完熟后才采收。供制干柿用，以果皮黄色减退稍呈红色时采收。对甜柿，须待果皮完全转黄后采收。此外，尚须依市场的远近和市场的情况，酌情变更采收期，以便于运输和市场调节。柿子采收宜用采果剪白果梗部剪取，还可将结果枝留下部 1 ~ 2 个芽或留基部副芽，连枝剪取则采果兼行修剪，一举两得。采收宜选晴天，久雨后不宜立即采收，以免果肉味淡、运输中易腐烂、制干时间长而品质欠佳。柿子外皮受伤后，常分泌单宁使伤部变黑，损外观且易腐烂，故采收、运输应尽量减少损伤。

我国柿子的传统脱涩法很多，自古以来有使用冷水脱涩、温水脱涩、石灰水脱涩、草脱涩、土窑烟烘脱涩、熏烟脱涩、日晒脱涩、盐矾脱涩、刺伤脱涩等。随着科技的进步，又采用生物脱涩、物理化学脱涩如酒精脱涩、二氧化碳脱涩、乙烯利脱涩等方法。

第十三章 青梅栽培

第一节 青梅的主要品种和分布

青梅为蔷薇科，李属。为东亚特产，青梅可食率 93%，每 100 克果肉含蛋白质 0.9 克、脂肪 0.9 克、碳水化合物 18.9 克、钙 11 毫克、磷 36 毫克、铁 1.8 毫克；含酸多，如枸橼酸、酒石酸、单宁酸等，并含有多种维生素，其发热量为 1 355.6 千焦。除可供鲜食外，大量用于加工成梅干、梅酱、蜜饯等，畅销国内外。梅树目前在我国的分布以长江流域、西南和华南的福建、广东和台湾等地较多，广东以广州、龙门、清远、惠州、东莞、普宁、潮阳、惠东等地栽培较多。

广东的主要品种：

一、白蕉头：最早熟。初生枝呈淡白色，树势旺，单果重约40克，果扁圆形，品质最优，抗虫力弱，肥水不足易造成大小年。

二、红梅：早熟。单果重20克左右，果顶尖，成熟时皮红色，茸毛少，果肉味甜不酸，离核。

三、绉叶：中熟。叶片卷绉状，单果重20克，皮色淡青，果顶微凸，产量中等，适宜山地种植。

四、大核青：广州市郊主栽品种，4月下旬~5月上旬成熟，迟熟。单果重30克，桃形，果顶钝尖，早熟时皮色淡青，核较大，品质较好。适宜加工制成话梅和蜜饯。

五、鹅嗉：迟熟。果形较大，单果重46克左右，果顶圆钝，成熟时果皮黄色，肉质松脆，味酸品质优，抗虫力弱，适宜制成话梅和蜜饯。

第二节　青梅的主要生物学特性及其适宜的环境条件

一、生物学特性

梅树经济寿命长，实生树种7~8年开始结果，嫁接苗3年开始结果，8~15年为盛果期，60~70年树均能高产。

（一）根系：梅树根浅，水平根多，好气性强，最忌积水。平地梅园根群多分布在表土层30厘米的范围内，而以离地12~15厘米处最多。山地土层深厚，根系分布比平地深。新生根系在秋季生长较旺。梅树造成大伤口（5厘米）不易愈合，影响树势和寿命，所以尽量不要伤大根。

（二）枝条：幼树每年抽梢2次，分别在雨水（2月中）和谷雨（4月下）前后均能抽梢，枝条可长达1米以上。结果树每年抽梢1次，一般在花后，抽生枝条较短，约12~30厘米，能成为次年的结果母枝，10厘米以下的短果枝结果率高。

（三）花与果：梅花多为完全花，也有不完全花，即花粉缺乏或雌蕊退化的。结果率的高低与开花及抽新梢的先后有关，如暖冬年份，开花与抽梢同时，花芽养分不足，结实率低；寒冬年份先开花成了小果，然后才抽梢的，结实率则高。梅树存在自花不实现象，因此要适当配植授粉树。花期忌阴雨、风、雾。

二、适宜的环境条件

（一）气候因子：梅为落叶果树，较耐寒，为喜光树种。在年平均气温 16～23 ℃ 的地方均能生长良好，梅喜多雨高湿，果实生长期要求水分充足，但花期多雨，则会引起落花落果。

（二）土壤：梅对土壤要求不严。但以土层深厚、排蓄水良好、土壤含水量 30%～40%，富含有机质，pH 值为 6.5 左右的土壤为宜。

第三节　青梅的栽培技术和病虫害防治

一、栽植

一般在大雪和小寒前定植，株行距为 3×5 米，亩植 40～60 株为宜。

二、施肥

（一）花前肥：在立冬至小雪前施入。每株施 50～75 公斤人粪尿，过磷酸钙 0.5 公斤，并培入河泥等，以利促进开花。

（二）壮果肥：谢花后施入。每株施 20～25 公斤人粪尿，过磷酸钙 0.5 公斤，用于果实发育和保果。

（三）采果肥：在谷雨前后施入。每株施人粪尿 25～50 公斤，另培火烧土和其他土壤 50～100 公斤，用于恢复树势和促进花芽分化。

三、整形修剪

梅树喜光照，故树形上多采用自然开心形，一般在主干上留 3～5 条主枝，次年每条主枝上又抽出 2 条副主枝，成为培养树冠的骨干枝，然后抽出侧枝。短枝结果率高，故侧枝要求长约 12～15 厘米，对 30 厘米以上的长枝，可短截全长的 1/3，促使抽生中、短果枝，对中、短果枝不宜短截。

（一）冬季修剪：在开花前进行，对当年生长弱的枝条可留长，强的枝条可剪短。如抽枝过密，可适当删疏。冬末春初，抹除不定芽抽出的嫩梢，以减少养分消耗。

（二）夏季修剪：在发芽后生长旺期进行。剪除徒长枝、密枝或交叉枝，采果后对当年的长枝可进行摘心或短截，使枝条早充实和早形成花芽。

修剪后大的伤口要涂上接蜡，或其他防腐剂，以防病菌侵入，利于愈合。

四、病虫害防治

梅树相对其他果树而言，其病虫害较少，但在岭南地区以虫害为重，病害主要有灰霉病、黑星病、溃疡病和流胶病等（参考其他果树病害）。虫害有毛虫、蚜虫、金龟子、介壳虫、天牛等。

（一）主要病害

1．灰霉病　为真菌性病害，只危害花器和果实。初期幼果受害，造成落果。果实受害，初期产生黑色小斑，随后呈现淡褐色、有同心轮纹的凹陷病斑。

防治方法：清除病残体，搞好肥水管理，注意果园通风透光；在开花期和幼果期喷洒托布津 1 000 ~ 2 000 倍液或福美双 500 ~ 800 倍液。

2．黑星病是一种真菌性病害。主要危害果实和枝条，病害流行时也侵染叶柄和叶脉。嫩枝上发病，多为褐色病斑且病部表皮易剥落。果实上多产生墨绿色的圆形病斑，数量多而小。

防治方法：加强栽培管理；种植无病苗木；在梅树休眠期喷射石硫合剂；在生长期（4 ~ 5 月），即发病盛期喷射托布津、代森锌、灭菌丹或 80% 敌菌丹 1 000 倍液。

（二）主要虫害

1．毛虫　又名天幕毛虫、顶针虫。食性杂，除危害梅外，还危害桃、李、杏等。幼虫食嫩叶和新芽，并吐丝结网张幕，幼龄幼虫群居于白色天幕上，老熟后离开天幕状巢，分散各处暴食叶片，严重时将树上叶片全部吃尽。

防治措施：结合冬季修剪，剪除卵环并烧毁；在幼虫发生期摘除天幕状巢，消灭群集于天幕上的幼虫；后期幼虫分散危害后，喷洒 40% 乙酰甲胺磷、50% 辛硫磷、80% 杀螟丹 1 000 倍液或 90% 敌百虫 800 倍液。

2．金龟子　成虫吃食新梢叶片，影响树势，造成落果。

防治措施：可于黄昏入黑前喷 90% 敌百虫 800 倍液，连续 2～3次；或利用金龟子的假死性，在天黑后人工摇树，使其跌落地面捕杀。

其他害虫如蚜虫、天牛、介壳虫可参考其他果树的防治。

第四节　青梅的采收

梅果应按不同的用途决定采收适期。如作加工糖青梅、青梅干的，可在梅果绿色刚褪而未转黄、果实尚未充分肥大、核还不十分坚硬的嫩梅期采收。用作加工咸梅干或青梅酒的，以果实充分肥大、果皮由浓绿转为淡绿色、果面有光泽时为采收适期。用作乌梅干、梅酱和留种的，需在果实转黄、果肉柔软且香味增进、充分成熟的黄熟期采收。作鲜果用的宜在果实已充分肥大、正常成熟时采收。梅果宜分 2～3 次采收，每隔 4～5 天 1 次。采梅果应在晴天进行，可用竹杆打落或用手采摘（最好用手采摘）。采后果实宜先摊放，待热气散尽，始可分级包装或送去加工。

第十四章　猕猴桃栽培

第一节　猕猴桃的主要品种和分布

猕猴桃是猕猴桃科猕猴桃属的一种藤本果树，绝大多数原产我国。猕猴桃的果实含有相当丰富的维生素 C，每 100 克鲜果肉中含维生素 C90～120 毫克，比橘子、甜橙、梨和苹果的含量都高；维生素 A175～200 国际单位，维生素 $B_1$0.01～0.02 毫克，胡萝卜素 0.6～0.8 毫克，以及维生素 B_2、维生素 E 和维生素 P。含可溶性固形物 7.0%～22.0%，总酸量 0.75%～1.95%。果实中含有钾、钙、磷、铁、硫、锌等元素，14 种氨基酸。在我国，狝猴桃分布很广，目前除新疆、内蒙古、宁夏、青海尚未进行调查外，其他省、自治区都有分布。广东主要分布在南岭山脉以南的和平、乐昌等地。

我省以中华狝猴桃中的"早鲜"（早结、早熟）、湘平83-3（早结、较早熟）、武植3号（早结、中熟），美味狝猴桃中的东山峰79-09（晚熟）、米良1号（晚熟）、实选1号（晚熟）表现最好。引进的新西兰海沃德亦可。

第二节　狝猴桃的主要生物学特性及其适宜的环境条件

一、生物学特性

狝猴桃是落叶缠绕性藤本植物，实生苗一般4～5年开始结果，7～8年进入结果盛期，单株产量10～15公斤，也有高达100公斤的，树龄寿命为50～60年。

（一）根系：狝猴桃是浅根性，不耐干旱，生长在坚硬的土层内分布较浅，因此在栽培上应深翻改土，引根深入。

（二）枝蔓：狝猴桃的蔓可长达10米以上，主蔓1个或几个。主蔓上长有侧蔓，其一年生蔓充实饱满形成混合芽叫结果母蔓，次年从结果母蔓长出结果蔓开花结果。根据枝条生长势和结果与否可分为：

徒长蔓：从主蔓或侧蔓基部隐芽或枝蔓优势部位发生，生长旺，有的长达7米，节间较长，组织不充实，上部有时分生二次枝。

普通生长蔓：生长势中等，长10～30厘米，能形成良好的结果母蔓。

结果蔓：根据枝蔓长短，可分为徒长性果枝（长130厘米左右）、长果枝（长30厘米以上）、中果枝（长10～20厘米）、短果枝（长5～10厘米）和短缩果枝（长5厘米以下）。徒长性果枝多为结果母蔓上部芽萌发的枝条，当年能结少量果实，并可成为下年的结果母蔓。其余的结果枝多发生在结果母蔓的中、下部，节间较短，可连续结果。

（三）花与果：猕猴桃的花为单性花，雌株花的雄蕊退化，雄株花的雌蕊退化，因此定植时一定要同时栽植雌、雄株，以保证授粉。

猕猴桃的果实是多心皮的浆果，成熟后果肉柔软多汁，含糖量 6% ～21%。

二、适宜的环境条件

（一）气候因子：猕猴桃喜温暖湿润的环境，在平均气温 12～18 ℃下生长良好，空气相对湿度为 74% ～86% 较适宜。猕猴桃在幼龄期性喜阴凉，成年树需要较多阳光，才能良好开花结果。

（二）土壤：猕猴桃对土壤适应性强，以 pH 值为 4.9～6.7、富含有机质的壤土为宜。

第三节　猕猴桃的栽培技术和病虫害防治

一、栽植

猕猴桃的种植方式和葡萄相似，有搭篱架和棚架两种。单篱种植株行距山地为 3×3.5 米，每亩 41～111 株；平地 4×4.5 米，每亩 27～56 株。水平棚架株行距为 4×4.5 米，每亩 22～33 株。种植时要配植授粉树，雌雄株比例为 8∶1。

二、施肥

秋季采收后施有机肥，在生长期可追施化肥。在新西兰，2～7 年的幼树，每株折合施氮 0.5～0.665 公斤，磷 0.135～0.2 公斤，钾 0.265～0.335 公斤，分两期施入，这一指标可作为施肥参考。

三、整形修剪

猕猴桃生长较强，冬夏都需要修剪。

冬季修剪：修剪时，在剪口芽的上部留桩 3 厘米左右，以免因离芽过近，剪口芽容易干枯。修剪长度依品种结果习性、枝蔓类型而定，不需要的徒长枝从基部剪掉，对需要的徒长枝则进行短截修剪。

对徒长性果枝，一般在去年结果枝上留 3～4 芽修剪；长果枝和中果枝留 2~3 芽修剪；对短果枝和短缩果枝不进行修剪。

夏季修剪：从结果母蔓上长出的结果枝，因叶密果重而下垂，对此，可在离地面 50 厘米处修剪。对新梢上长出的二次枝要疏剪、短截或摘心，使结果枝获得充足的光照。从主蔓基部隐芽长出的枝蔓，一般容易形成强旺的徒长枝，应从基部剪除。

对营养枝或徒长枝摘心，一般在 6 月中旬至 8 月下旬进行，摘心 1~2 次，有利于营养积累。

四、病虫害防治

猕猴桃分布很广，在主产区常见的病虫害有猕猴桃果实软腐病、黑斑病、根结线虫病、溃疡病及猕猴桃准透翅蛾、芪楚鸠蝠蛾等。

（一）主要病害

1. 软腐病　是一种真菌性病害。发生在果实后熟末期，果肉出现小指头大小的凹陷，剥开凹陷部的表皮，病部中心乳白色，周围黄绿色，外围浓绿色呈环状，果肉腐烂，失去食用价值。

防治方法：清除病残枝叶并集中处理；后熟期的温度尽量控制在 15 ℃以下，并尽可能地缩短后熟期；从 5 月下旬开花期开始到 7 月下旬之间，喷洒托布津 3~4 次，有良好的防效。

2. 黑斑病为真菌性病害。主要是叶片、枝蔓和果实受害，受害部位初生有灰色绒状小霉斑，后扩大呈灰色或黑色霉斑，导致提早落叶、落果。

防治方法：冬季清园，剪除病枝叶；春季萌芽前，喷 1 次石硫合剂；发病初期（5~6 月）及时剪除发病中心的病枝蔓；自 5 月上旬至 7 月下旬，每隔 10~15 天喷药 1 次，连喷 4~5 次，可选用甲基托布津、多菌灵等。

3. 根结线虫病　为线虫危害。主要是根系受害，造成根系萎缩、新根长根瘤且终致腐烂。病株生长矮小，新梢纤柔，叶片枯黄，果少且小、畸形，落果严重。

防治方法：加强检疫；苗木温汤处理（44~46 ℃温水浸根 5 分钟）后定植；病园可选用益舒宝 10% 颗粒剂、呋喃丹、涕灭威每亩有效成分250克或力满库10%颗粒剂每亩有效成分300克。药剂掺适量的干土或沙混匀，施入根侧面5～6厘米深的沟内，后盖土浇水使土湿透。成年树可结合施肥将药剂施入根冠周围环状沟内。

（二）主要虫害

1. 猕猴桃准透翅蛾　是危害猕猴桃的一种新的蛀干害虫。幼虫从嫩芽基部阴面、枝干粗皮裂缝蛀入，旋即有白色胶状树液自蛀口流出，次日可见蛀口有褐色虫粪和碎屑，常导致蛀口上部枝条枯干，继而转向下段活枝条侵蛀。

防治措施：冬季清园修剪；在幼虫出蛰转枝之前，可选用敌百虫、敌敌畏、杀螟松、溴氰菊酯等药剂喷洒，也可用在幼虫初孵侵蛀期喷洒防治。

2. 苿楚鸠蝠蛾　幼虫多在6月上旬上树啃食韧皮部，并吐丝在蛀入孔外做一个椭圆形丝网，匿居其中，幼虫还吐丝把蛀屑、粪便做成一个虫屑包（环状）包裹在蛀孔外，导致被害株易风折。

防治措施：宜大力推广中华猕猴桃D-13品系，其抗性最强且产量高，其余参考蝠蛾的防治方法。

第四节　猕猴桃的采收

目前，在猕猴桃产区，常在其还未成熟时就提前采收，致使品质下降。在我国中部地区，一般9月上旬至10月下旬采收。用作加工的果实，采收过早或过熟都会导致加工产品质量降低。采收时，采下的果实要轻放轻倒，否则易腐烂。外运的果实要分级包装，避免途中腐烂而影响市场供应。

猕猴桃宜低温贮藏，用0.008毫米聚乙烯薄膜包果，于采收后24小时内进库，经12小时果心温度降至0～2℃，保持库内温度0～2℃，相对湿度90%～95%，用珍珠岩或高锰酸钾吸收乙烯，库内气流风速6米/秒。在此条件下，果实贮藏120天，硬果完好率超过90%，水分散失小于5%，出库后货架期约14天。

第十五章　银杏栽培

第一节　银杏的主要品种和分布

　　银杏为银杏科裸子植物，银杏树又称白果树，原产于我国，是我国特产果树。银杏种仁营养丰富，每 100 克鲜白果仁含蛋白质 6. 96 克、脂肪 1. 18 克、糖 38. 2 克、水分 52. 0 克、灰分 1. 47 克、钙 1. 88 毫克、磷 89. 74 毫克、铁 2. 79 毫克、胡萝卜素 0. 86 毫克、维生素 C2. 72 毫克及少量的维生素 B_1、维生素岛和维生素 D。银杏叶是治疗脑血管、心血管疾病特效药的主要原料，也是保健食物和化妆品的添加剂。银杏在我国分布广泛，其中以江苏、广西栽培最多，广东主要在北部有种植，以南雄等地较多。

　　优良品种：

　　一、海洋皇：原产广西灵川县，核大丰满，色白，味甜，核重 3. 6 克，晚熟，高产稳产。

　　二、家佛手：丰产稳产，晚熟，核大，色白，商品价值高。广西、江苏均有栽培。

　　三、大佛指：丰产性强，味甜核大，洁白，出核率高，核重 3. 0～3. 5 克。主产江苏、浙江。

　　四、洞庭皇：原产江苏吴县，种核 3. 5 克，是有名的大果型白果之一。

　　五、大白果：原产湖北大悟县，核重 4. 0 克，色白，种仁饱满，味美。

第二节　银杏的主要生物学特性及其适宜的环境条件

一、生物学特性

银杏是结实迟的果树，实生苗要 30 ~ 40 年才能结实，大枝扦插苗 10 年以后才结实，嫁接苗 3 ~ 4 年后开始结实。银杏虽结实晚，但结实年限长，从 30 年到 140 年可维持较高的产量。

（一）根系：银杏主根发达，侧根少，根系垂直分布深度一般在 1.5 米甚至 5 米以上，但集中分布在 80 厘米以上的土层。水平根分布宽度一般为冠幅的 1.8 ~ 2.5 倍，细根大部分集中于树干周围 5 ~ 8 米范围内。根系再生能力强。

（二）枝条：银杏的枝条可分为长枝和短枝。长枝节间长，构成树冠骨架，延伸树冠和着生短枝。短枝节间较短，每年只增长 0.3 厘米左右，银杏全靠短枝条开花结果。

银杏每年只抽生 1 次春梢，于 3 月中旬至 7 月，因此必须加强前期肥水管理，维持树冠一定的生长量和生长势。

（三）花与果：银杏为雌雄异花、异株，因此必须配植授粉树，花粉的有效传播距离是 10 公里左右。

二、适宜的环境条件

（一）气候因子：银杏为喜光树种，但苗期和幼树期需要适当的荫蔽，有利于幼树的生长，成年树则需要充足的阳光来促使花芽分化良好。银杏对温度有较大的适应性，以年平均气温 14 ~ 18 ℃为最佳生长温度；年降水量在 1 000 毫米左右的地区银杏都能生长。

（二）土壤：银杏根系庞大，吸收养分的空间深广，对土壤要求不严，除重盐碱土和长期积水内涝地外，其他地均能生长。但以山脚、水旁、路边、村前屋后隙地，土层深厚、湿润、肥沃、排水良好、pH 值为 5.5 ~ 7.5 的土壤为宜。

第三节　银杏的栽培技术和病虫害防治

一、栽植

秋植在落叶后至严寒来临前种植；春植在严冬后至萌芽前。

栽培密度：可适当密植，一般采用 4×4 米的株行距，每亩栽植 40～45 株为宜。

二、施肥

（一）花前肥：3～4 月施入，以促进新梢生长，花芽萌发良好。以速效氮肥为主，每株施入人粪尿 50～100 公斤，尿素 0.5 公斤或碳酸氢铵 1 公斤。

（二）壮果肥：6～7 月施入，促进果实发育。每株施入人粪尿 50～100 公斤，复合肥 3～5 公斤。

（三）采后肥：采收后 10 月上旬结合深翻施入，恢复树势，增加养分积累。每株施入腐熟农家肥 200～300 公斤，菜籽饼 3～4 公斤，石灰 1～2 公斤。

三、整形修剪

银杏整形方法有多种，为了提高产量和密植，宜用双层自然开心形：定植第一年冬留 80～100 厘米高剪顶，第二年冬在 80 厘米高处开始选留主枝 3～4 条，主枝间距 25 厘米，中心主枝留 60～80 厘米短截，第三年冬选留第二层主枝 2 条，剪截中心主枝延长枝并选配第一层主枝的副主枝。经 4～5 年培养即可成形。

结果树的修剪一般在冬季进行：

1. 主枝的修剪：在其延长枝后部选一侧向生长并占有较大空间的良好侧枝转头修剪，同时注意抬高枝头角度，保持生长势。如结实部位外移严重，需逐年回缩更新。

2. 侧枝的修剪：除过密的侧枝应疏剪外，其他枝条一般不修剪。

3. 结果枝的修剪：除对衰弱、空节多的适当疏剪外，其他的短果枝一般不修剪。

4. 辅养枝的修剪：即是在树干、大侧枝、主枝上直接着生的长枝，如果不密，不遮阴则不剪，过密或遮阴可疏剪，或短截培养成结果基枝结果。

四、病虫害防治

常见的病虫害有立枯病、叶斑病、干枯病（参照板栗干枯病）及大蚕蛾、超小卷叶蛾等。此外还有天牛、金龟子、红蜘蛛等（参照其他果树的防治）。

（一）主要病害

1. 立枯病 也称茎腐病，主要危害苗木，在根颈处腐烂，皱缩成褐色，进而干枯死亡。多发生在高温多雨的夏季。

防治方法：加强栽培管理；提高苗木抗病能力，如选择排水良好的生荒地作苗圃；播种前要搞好土壤消毒；提前播种，幼苗出土后适当遮阴；5月中旬至6月中下旬喷多菌灵或甲基托布津，连续3次；发病时喷退菌特，每10天1次。

2. 叶斑病 为真菌性病害。主要是叶片受害，产生锈点并向四周扩大，颜色由黄变褐，7月份叶片开始脱落，8~9月为盛发期。

防治方法：发病初期喷1:2:100的波尔多液或40%多菌灵1 000倍液，半个月1次，连喷3次。

（二）主要虫害

1. 大蚕蛾 又称白果虫。以幼虫危害叶片为主，各产区普遍发生。

防治措施：8月份成虫产卵前用黑灯光诱杀，或释放其天敌赤小蜂；老龄幼虫中午有下树习性，可人工捕杀，或摘除虫茧卵块，防次年大发生；3龄前幼虫有群居习性，喷洒敌百虫、敌敌畏或氧化乐果，防效好。

2. 超小卷叶蛾 幼虫多潜伏于短枝或当年生嫩枝，向基部蛀食，25天后爬出取食叶片，使枝条枯死或落叶落果，甚至整株死亡。

防治措施：4月底至6月上旬被害枝明显枯萎，可人工剪除集中烧毁；4月底至5月初，用敌敌畏或氧化乐果喷杀刚孵出的幼虫。

第四节　银杏的采收

我国南部产区银杏采收期从8月下旬至9月中上旬，北部产区延长到10月上旬。其成熟的主要标志是外种皮由青色变橙黄色，表面覆盖一薄层白色果粉，用手捏之有松软感，中种皮完全硬化，为采收适期。采收时最好待其充分成熟，自然脱落后集中收获；也有上树摇落法或竹竿钩落法。采后果实集中堆放，盖草喷水保湿，促使肉质种皮腐烂，脱去种皮后进行冲洗晾干，然后进行分级、贮藏。

贮藏方法：水藏法，将银杏种子浸入流动清水中（如用容器贮藏则需经常换水），可贮藏4~5个月；冷藏法，用竹箩或麻袋装种子，放在冷库中，库温1~3℃，相对湿度60%~70%，可贮藏6个月。

第十六章　其他亚热带、热带果树栽培

第一节　杨　桃

一、概述

杨桃属热带常绿果树，在我国的广东、广西、福建和台湾种植较多，广东主要以甜杨桃为主，其中从新加坡和台湾地区引进的大果甜杨桃为目前的主要优良品种，它具有生长快、结果早、丰产稳产，单果重 200 克以上，可溶性固形物 10% 以上，适应性好，经济效益高的特点。

二、生物学特性及其适宜的环境条件

杨桃树寿命长，具有丰产稳产的特性，在一年中可多次开花结果。定植后 3～4 年开始结果，30～60 年树单株产量可达 200～300 公斤，树龄可达百年以上。

杨桃根系发达，主根深度可达 3 米以上，侧根多而粗大，主要根群分布在 10～30 厘米的土层中。每年 5～10 月间可开花 4～5 次，而一般以第二次花（7 月中下旬）所结的果品质最好，产量最高。结果枝应选一年生的枝条，结果部位以树冠周围尤其是外围下垂枝上结果最佳。

杨桃喜高温，不耐霜寒，喜湿润，不耐干旱，在 10 ℃以下则生长不良；杨桃喜半阴环境，忌强烈阳光。

三、栽培技术与病虫害防治

杨桃栽植在 3～4 月发芽前进行，种后第二年每年施肥 4 次，即在 3～4 月、6 月、9 月和 12 月各施 1 次，其中第 4 次施肥量占全年的 30%～40%，成年树每株全年施肥量为水粪 100～250 公斤、花生麸 1～2.5 公斤、过磷酸钙 0.5～1 公斤。

杨桃在定植后 4～5 年开始修剪，每年 2 次，分别在春季萌芽前和新梢形成花芽时（芒种前后），修剪宜轻不宜重，尽量保留下垂枝以利多结果，修剪原则是使树冠枝叶分布均匀，疏密适度，通风透光。

杨桃的病虫害主要有炭疽病、赤斑病，乌羽蛾、黑点褐卷叶蛾等。病虫害防治主要采用栽培防治法、生物防治法等，少用化学防治法，因杨桃皮薄且与果肉合一（连皮吃食）。如可用黑光灯诱杀蛾类。

四、采收

杨桃的采收，按果实成熟度分为青果采收和红果采收两种。

如远运宜采收青果，以果实已生长饱满而未充分成熟、颜色由青绿转为淡绿、果实甜度增加而无涩味时为适期。如果采收红果，则让生长饱满的青果在树上充分成熟、呈红黄色、甜度更高时采收。采收时要特别注意果实轻采、轻放、轻搬运，避免一切机械伤。采下的果实要避免日晒，以防腐烂。然后果实经挑选、分级、清洁及防病消毒后包装。

第二节　杨　梅

一、概述

杨梅为我国南方特产果树，主产区分布在长江以南。广东杨梅分布较广，全省有 41 个县（市）有栽培，其中以粤东栽培较多较好。全省栽培面积在 3 万亩以上，品种主要有潮阳乌酥杨梅、山乌杨梅，广州白蜡杨梅、红蜡杨梅，以及从外地引进的东魁、荸荠种、舟山佛梅等。

二、生物学特性及其适宜的环境条件

杨梅根系浅，主根不发达，侧根、须根多，根群的 70% ~ 90% 分布在离地面 0 ~ 60 厘米深的土层内。杨梅的结果枝主要以 10 ~ 15 厘米长的中果枝为主，当结果枝占全株总枝数的 40% 左右时，可望连年丰产稳产。

杨梅为雌雄异株，种植时必须配植授粉树，杨梅以结果枝顶端第一至第五节上的花序座果率高，特别是第一花序占有优势。

杨梅属于亚热带耐寒性常绿果树，适宜于年平均气温 15 ~ 21 ℃、绝对最低气温不低于零下 9 ℃的地区生长，杨梅较耐寒，忌强烈阳光，对土壤的要求也不严格。

三、栽培技术与病虫害防治

杨梅以春植为主，株行距为 4×5 米，每亩约植 34 株左右，并配植 1% ~2% 的雄株。结果树的施肥 1 年有 2 次：春梢萌发前及采果后，施肥量依树的大小和结果情况而定。杨梅自然生长也

能形成圆头形树冠，整形时应注意控制生长高度，并使主枝生长呈70度的角度。

成年树于春梢萌发前及秋梢后剪去枯枝、病虫枝及弱枝，短截或疏删徒长枝。主干及主枝上萌发的无用萌蘖应全部及时抹除。杨梅以粗壮、10～15厘米的中果枝及10厘米以下的短果枝结果为主，故修剪时要保留健壮的中、短果枝。

杨梅的主要病虫害有癌肿病、褐斑病及避债虫、卷叶蛾、松毛虫等。病害防治可采用加强栽培管理以增强树势，增施钾肥，搞好清园和修剪及喷洒杀菌剂。虫害防治可用灯光诱杀，幼虫期选用敌百虫、敌敌畏或杀灭菊酯等喷杀。

四、采收

杨梅果实成熟期依地区、品种不同而有先后，一般南方较早。在广东，早熟品种大概于4月下旬至6月下旬成熟。由于杨梅无果皮、肉柔软多汁，且逢高温多湿的夏季易腐烂和落果，故采收应及时，先熟先采，轻采轻放轻运。采收应连柄采下，要避免伤果，采果篮宜浅小，盛3～5公斤即可，篮底及四周垫以荷叶、树叶。宜选傍晚或清晨采收，作鲜果的可在傍晚采好，晚上运输，次晨上市。

第三节 番荔枝

一、概述

番荔枝为热带名果，我国在台湾、福建、广东、广西、海南、云南等省（区）有栽培，广东以粤东的澄海樟林栽培最多，此外东莞虎门近年来也成为另一主产区。栽培品种主要有樟林番荔枝、虎门番荔枝以及引自台湾的粗鳞番荔枝和细鳞番荔枝等。

二、生物学特性及其适宜的环境条件

番荔枝一年多次开花，通过修剪可调控开花期，番荔枝的花是两性花，但有雌蕊早熟的现象，因此自然条件下座果率不高，实行人工授粉是提高番荔枝产量和品质的重要措施。

番荔枝为热带果树，耐寒性较芒果等弱，耐阴，喜干燥环境，连绵阴雨对授粉和座果不利，地下水位过高或排水不良，易发生根腐病。

三、栽培技术与病虫害防治

番荔枝一般在 3～4 月份种植，株行距为 2×3 米，亩植 124 株左右。结果树施肥一年可分为 3 次：即促梢促花肥、壮果肥和采后肥，一般在开花前每株施复合肥 0.75 公斤，座果后 0.5 公斤，果实膨大期 0.5 公斤加钾肥 0.4 公斤，采果前可根据结果量补充复合肥 0.5 公斤。采果后施优质农家肥 5 公斤加过磷酸钙 1 公斤。

番荔枝的修剪自 12 月下旬至 3 月上旬进行，剪除直立向上枝、枯枝、病虫枝、残枝，回缩横生延长枝，短截因低温等致干枯的枝条末端。修剪要适度，既利于座果又不影响品质。

番荔枝的病害主要有蒂腐病、凋萎病、根腐病，防治上除了加强栽培管理，清除果园的残余病枝叶外，在冬季用较高浓度的杀菌剂涂白树干，在新梢期喷 1～2 次杀菌剂，都能有效地抑制病害的发生。虫害主要有粉介壳虫和木蠹蛾等，防治上可参照其他果树。

四、采收

番荔枝采收的标准为：当果皮褪绿、呈乳白色或浅黄色、瘤状突起之间的缝合线呈现乳白色浅沟时即可采收，经 2～3 天自然软熟。如果要远运，则必须提早采收，当果实表面有 20%～40% 出现乳白色就可采收，采后 4～6 天软化。在 12 ℃以上冷藏可延长贮藏时间。

第四节　枇　杷

一、概述

枇杷原产于我国，主要分布在长江流域以南各省区，以浙江、江苏、安徽、福建、台湾等地栽培最多，品质最好。广东主要分布在丰顺、潮安一带，品种主要有大乌脐、长崎早生、圆鼻等。

二、生物学特性及其适宜的环境条件

枇杷嫁接苗种植后 2 ~ 3 年就可开花结果，8 ~ 10 年进入盛果期，30 年后产量逐渐下降。枇杷根系分布浅而窄，大部分吸收根分布于 10 ~ 50 厘米的土层。枇杷一年可抽 4 次梢，以秋梢形成结果枝多。

枇杷喜温暖湿润的环境，15 ~ 17 ℃为最适宜的生长温度，水分要求充足，不耐旱。幼树喜散射光，结果树要求光照充足，对土壤适应性较广。

三、栽培技术与病虫害防治

枇杷以春植为主，株行距为 4 × 5 米，亩植 30 ~ 40 株。枇杷是需肥量很大的果树，一年施肥 4 次，年产 100 公斤鲜果需复合肥 4 ~ 4.5 公斤，过磷酸钙 2.4 ~ 2.9 公斤，钾肥 0.6 ~ 0.7 公斤。

枇杷树冠层性明显，树形较好的有杯状形和空心圆头形。幼龄枇杷树一般不修剪，结果树在采果后对结果枝适当修剪，使萌发新梢，剪除衰弱和密生枝，修剪应以轻剪为宜。因枇杷枝梢剪口不易愈合，又易感染病害，应涂防病药剂并促进愈合。

枇杷病虫害种类较多，主要有树干腐烂病、胡麻色斑点病、白纹羽病、叶斑病和炭疽病（参考其他果树的防治方法）及黄毛虫、舟形毛虫、梨小食心虫、豹纹木蠹蛾、天牛等。

病害防治方法：及时清除病斑病叶，注意排水和清除杂草，可选用托布津、苯莱特等药剂来防治。

虫害防治措施：人工捕杀幼虫或诱杀成虫，冬季结合修剪来剪除虫枝，可用乐果、敌敌畏、敌百虫、杀灭菊酯等药剂喷杀。

四、采收

枇杷花期长，果实成熟不一致，必须分批采收。适宜采收期应是果皮充分着色，呈现出该品种成熟时所具有的色泽时，或稍延后 3 ~ 5 天采摘。如需远运或加工用则约在八九成熟时采收。采收时要备有"人"字形采果梯、采果钩和采果篮等工具，由下而上、由外向里顺次进行，采摘时手执果穗基部剪下或折断，手指不伤果面，轻拿轻放以防茸毛蜡粉脱落或果皮受损。枇杷采收后应挑选、分级、包装及贮藏。成熟果在常温下一般可贮藏 15 天左右。为延长鲜果贮藏期，以冷库贮藏为好（5 ℃左右），但不宜长期冷藏，否则甜度会消失，影响品质。

第五节　草　莓

一、概述

草莓属蔷薇科，我国的主产区分布在华北、华东和东北，广东是从 20 世纪 80 年代中期引种试种开始了生产。目前主要品种有宝交早生、春香、丰香、因都卡等。

二、生物学特性及其适宜的环境条件

草莓为浅根性作物，匍匐茎，株高约 30 厘米。整个生长期都要求有充足的水分，最适生长温度为 20 ~ 25 ℃，喜光，以 pH 值为 5.7 ~ 6.5 的沙壤土为好。

三、栽培技术与病虫害防治

栽植一般在 11 月份，起畦栽植，株行距为 20 × 30 厘米，亩植 7 000 ~ 8 000 株。施肥以基肥为主，在种植前施入，一般亩施土杂肥 2 000 ~ 3 000 公斤，过磷酸钙 50 公斤，钾肥 5 公斤，尿素 5 公斤，花生麸 50 ~ 75 公斤；追肥以速效肥为主。在栽培过程中要注意中耕除草、清除老叶枯叶、疏花疏果。

草莓主要病虫害有灰霉病、白粉病、轮斑病、叶斑病、炭疽病、芽枯病、青枯病、病毒病及芽线虫、根线虫、蚜虫、红蜘蛛等。其中芽枯病、青枯病、病毒病等的防治方法：带土挖出病株并烧毁，轮作，防虫害传播，喷杀菌剂防治。其他病虫害参考其他果树。

四、采收

草莓从开花到成熟一般需要 30～60 天，先开花的果实先成熟，采收开始到结束历时 20 天左右：果实在成熟过程中由青转乳白色，然后由阳面再转到果肩，最后底部全部转为红色，并表现鲜红色具芳香，此时采收风味甚佳。软果品种和远销的，以未成熟时采收为宜。一般隔日或每日采收 1 次，采收时以露水已干为好，但炎热天气应避免中午采收。采收要轻摘轻放，以一手握果柄拉断，但不要压伤果肉。采收后如无冷藏条件的，应尽量当天采收当天售完。如在 0 ℃冷藏库中可保鲜 7～10 天。

第六节 橄 榄

一、概述

橄榄原产于我国华南，以广东、福建栽培最多，广西、台湾次之，热带地区越南、柬埔寨、老挝等也有分布。广东粤东、粤西较多，主要品种有普宁冬节圆橄榄、潮阳三棱榄、揭西凤湖榄和油榄等。近年来，广东各地大量发展了橄榄生产，其中电白县发展 3.7 万亩，年产达 3 千吨。

橄榄果可食，也可加工为驰名凉果，种仁可榨油和作佳肴。果肉可药用，解煤气中毒、治咽喉肿痛，肉汁治鱼骨鲠喉有特效。

二、生物学特性及其适宜的环境条件

橄榄属于橄榄科常绿果树，作为经济栽培的是橄榄属中的橄榄（青榄、黄榄、白榄、青果等）和乌榄（黑榄）。

橄榄和乌榄主根肥大、发达，须根较少，根系深入土层。枝梢一年抽发春、夏、秋 3 次枝，其中秋梢是翌年的主要结果母枝。

橄榄喜温暖无霜冻气候，要求年均温 20～22 ℃：以上，冬季低温常是限制其地理分布的因素。乌榄比橄榄要求温度更严。

橄榄和乌榄属喜光果树，但对土壤要求不太严。

三、栽培技术与病虫害防治

橄榄和乌榄均用本砧嫁接繁殖。一般株距 6～7 米，行距 7～8米，亩植 16 株左右。由于橄榄树须根少，不易成活，一定要带土移植，灌好定根水。

橄榄一年中多次发梢，生长量大，需要充足养分和水分。幼树成活后一个月开始要施薄肥，以后 3 月、6 月、9 月各追肥 1～2次，使其形成一定的树冠。结果树每年一般施肥三次，即 3 月促花肥，每株施粪水 50～100 公斤；10 月采果前后施一次比 3 月肥量多的产果肥，恢复树势；第三次是 11～12 月促进花芽分化肥，肥量可如第一次。如有可能，6～7 月加施一次壮果促秋梢肥更好。

橄榄主要有吹绵介壳虫、蚜虫、恶性叶虫、卷叶蛾和煤烟病为害。防治方法是及时清除病叶、病枝，结合冬季清园，喷松脂合剂 10～12 倍液；春、夏季喷 50% 马拉硫磷 600～800 倍液或 40% 氧化乐果 800～1 000 倍液等 2～3 次。

四、采收

橄榄的采收期因地区、品种和用途而异。作鲜食的在果实充分成熟时采收，这时色泽好、品质优、较耐贮藏；作凉果加工和蜜饯用的可提前在 8 月采收，但采后不耐藏、果皮易皱缩难看。

乌榄是加工用的品种，果肉可加工盐渍水榄和榄角，榄仁可作佳肴和榨油，一般用作榄角的于白露开始采收，作盐水榄的在寒露后开始采收。